MPU - Vorbereitungsbuch

Vorbereitung auf das psychologische Gespräch sowie die Alkohol-, Drogen- und Punkte-MPU

Waldemar Erdmann

23. November 2022

Herausgeber

Plakos GmbH
Vertretungsberechtigter Geschäftsführer: Waldemar Erdmann
Sitz: Willy-Brandt-Allee 31 B, 23554 Lübeck

Website und Kontakt

www.plakos-akademie.de
E-Mail: support@plakos.de

Facebook: plakosDE
YouTube: Plakos Akademie
Instagram: plakos_akademie
TikTok: plakos_akademie

Bild- und Druckhinweise:

Buch-Cover: AdobeStock 93481629
Sonstige Abbildungen im Buch wurden von Plakos erstellt.

Dieses Buch wurde auf Recyclingpapier sowie klimaneutral gedruckt.

ISBN: 978-3-985258-06-2

Danksagung

Unser Dank gilt vor allem den Bewerberinnen und Bewerbern, die mit ihren zahlreichen Zuschriften, Erfahrungsberichten und Verbesserungsvorschlägen dieses Buch erst möglich gemacht haben. Vielen Dank für eure Kommentare und Nachrichten auf YouTube und Facebook und anderen Kanälen!

Außerdem bedanken wir uns bei allen internen und externen Mitarbeitern und Mitarbeiterinnen, welche einen wesentlichen Anteil an diesem Buch hatten. Dazu gehören insbesondere Annika Miersen und Anna Krohn.

Einstellungstest erfolgreich bestehen

Die Plakos GmbH hat bereits tausende Bewerberinnen und Bewerber mit Büchern, Online-Kursen und Apps auf Einstellungstests, Prüfungen und Assessment Center vorbereitet. Die angesehenen Online-Tests von Plakos wurden millionenfach absolviert. Dieses Buch dient zur umfassenden Vorbereitung auf einen Einstellungstest.

Hinweis: Im Buch findest du lediglich eine Auswahl an Testaufgaben. Zur umfassenden Vorbereitung empfehlen wir dir zusätzlich unseren thematisch passenden Online Testtrainer mit weiteren Aufgaben.

Dein Feedback ist uns wichtig!

Sollten dir Fehler in diesem Buch auffallen oder solltest du unzufrieden mit den Inhalten oder einem unserer Produkte sein, so schreibe uns gerne eine E-Mail an support@plakos.de. Wir antworten schnellstmöglich! Antworten auf häufig gestellte Fragen findest du auch auf der Webseite plakos-akademie/kundenservice/.

Hinweis: Aus Gründen der Lesefreundlichkeit haben wir weitgehend auf Gendering verzichtet. Die gewählte Personenform gilt wertfrei für alle Geschlechter.

Inhaltsverzeichnis

1 Optimale Vorbereitung auf Abschlussprüfungen und Einstellungstests

Generell unterscheiden sich Prüfungen und Einstellungstests dahingehend, für welches spätere Einsatzgebiet du dich beworben hast oder welche Art der Prüfung du bestehen musst. Die Länge und die Aufgaben lassen sich nicht grundsätzlich verallgemeinern. Trotzdem gibt es oft gewisse Ähnlichkeiten im Aufbau und Ablauf.

Vergleich Einstellungstest vs. Abschlussprüfung: Um Prüfungen oder Einstellungstests erfolgreich zu bestehen, solltest du einige Dinge beachten. Wichtig ist beispielsweise auch das persönliche Auftreten. Es handelt sich beim Einstellungstest, im Gegensatz zu einer Abschlussprüfung, nicht um einen reinen Wissenstest. Um einen guten Eindruck zu hinterlassen, empfiehlt sich daher ein gepflegtes Äußeres. Zudem solltest du dich bei der Vorstellung freundlich und höflich zeigen.

Darüber hinaus unterscheidet sich ein Eignungstest von einer Abschlussprüfung auch in Hinblick auf das Zeitmanagement. Eine Prüfung ist zeitlich darauf ausgelegt, dass alle Fragen beantwortet werden können. Bei einem Eignungstest ist dies nicht notwendigerweise der Fall. Oft ist die Zeit absichtlich zu knapp bemessen. Auf diese Weise sollen das Zeitmanagement und die Stressresistenz überprüft werden. Nicht ohne Grund beobachten in der Regel gleich mehrere Verantwortliche des Unternehmens oder der Behörde den Test bzw. die Prüfung.

1.1 Optimale Vorbereitung auf die Prüfung

Wie bei einer Schulprüfung kannst du dich durchaus auch auf die MPU Prüfung vorbereiten.

Neben den Aufgaben aus der eigentlichen Prüfung sind die sogenannten Soft Skills, wie Kommunikation, Auftreten und die Körpersprache, ebenfalls nicht zu vernachlässigen. Diese spielen bei der Eignung für einen Beruf eine zunehmend wichtige Rolle. All diese Themen lassen sich üben und erlernen. In diesem Buch findest du zahlreiche Übungen, mit denen du dich ganz konkret auf diese spezielle Prüfung vorbereiten kannst. Wichtig ist hierbei, dass du alle relevanten Themen und Aufgaben sorgfältig durcharbeitest. Für eine verbesserte kritische Selbstreflexion der Ergebnisse haben wir Lösungsansätze für die Aufgaben beigefügt.

2 Online-Bewerber-Training

Da du bereits dieses Buch erworben hast, möchten wir dir an dieser Stelle einen **Gutschein für unsere Online-Programme in Höhe von 15 Euro** schenken. Die folgende Kurzanleitung beschreibt dir, wie du den Gutschein einlösen kannst:

1. Öffne den Browser auf deinem Smartphone, Tablet oder deinem Desktopcomputer.
2. Scanne den QR-Code oder gib die nachfolgende URL in die Adresszeile ein:

plakos-akademie.de/produkt/app-testtrainer-vollversion-15/

3. Mit dem Produkt „Testtrainer App" hast du Zugriff auf fünf unserer Kurse: Testtrainer, Allgemeinwissen, Konzentration, Logik und Sprache.
4. Gib den **Gutscheincode buchrabatt15** am Ende des Bestellprozesses ein. Bitte beachte, dass mit dem Gutscheincode in der Testtrainer App nicht alle Plakos-Akademie-Kurse freigeschaltet sind.

Bei Fragen kannst du gerne eine E-Mail an support@plakos.de senden. Antworten auf häufig gestellte Fragen findest du auf der Webseite
plakos-akademie.de/kundenservice/. Eine Übersicht zu allen Lern-Apps von Plakos findest du unter plakos-akademie.de/kundenservice-apps/.

Bestehe deine Prüfung mit der Plakos-Testtrainer-App!

Zahlreiche interaktive Aufgaben, Übungen und Lösungen

Im Google Play-Store und AppStore von Apple erhältlich

Einfache Navigation zwischen allen Lektionen, Themen und Tests

Bestehe deine Prüfung mit der Plakos-Einstellungstest-App! Mit der Plakos-App hebst du deine Vorbereitung auf ein neues Level! Du profitierst von Lösungswegen und ausführlichen Erklärungen zu jeder Aufgabe. Am Ende bekommst du eine Auswertung deiner Ergebnisse. Sichere dir jetzt deinen Vorteil gegenüber Anderen! Wähle den gewünschten Bereich aus und melde dich mit deinen Zugangsdaten aus dem Mitgliederbereich der Plakos Akademie an. Es werden dir dann die passenden Übungen für die Prüfung angezeigt.

Plakos-Online-Testtrainer – die optimale Vorbereitung für dich!

Strukturierter Ablauf, Lösungswege und Kernfortschrittsanzeigen

Kurse und Lektionen abgestimmt auf den jeweiligen Beruf

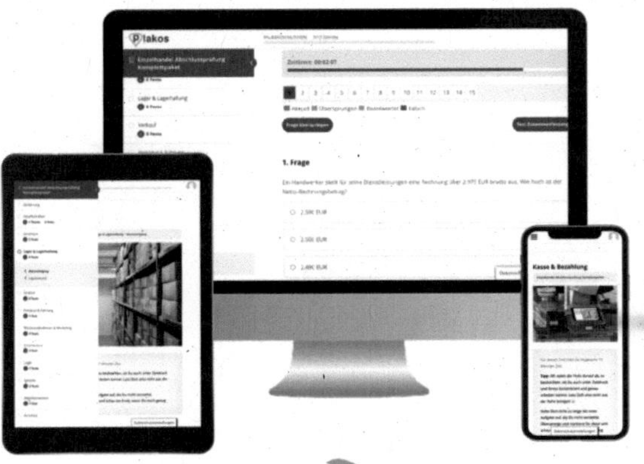

Lern- und Erklärvideos sowie Experten-Tipps

Lebenslanger Zugriff auf zahlreiche interaktive Aufgaben, Übungen und Lösungen

Online vom PC, Smartphone oder Tablet zugreifen

Videokurse, Erfahrungsberichte, Podcasts inklusive

Tausende Prüflinge üben jährlich ganz konkret mit den Plakos-Online-Testtrainings. Sie gehen anschließend mit mehr Selbstbewusstsein und Wissen in ihre Prüfung. Die Online-Testtrainer gibt es in verschiedenen Preiskategorien für zahlreiche Schul- sowie Studienbereiche und Berufe, wie zum Beispiel im öffentlichen Dienst, im Bereich Gesundheit, Pflege und Soziales oder für technische und kaufmännische
Berufe.

3 Über den Autor

Waldemar Erdmann ist Geschäftsführer der Plakos GmbH, die seit über einem Jahrzehnt erfolgreich Webseiten für Karriereberatung und Online-Tests betreibt. Er machte seinen Abschluss an der FH Würzburg zum Thema Skills Management Software und hat zahlreiche Bücher und Artikel zum Thema Eignungstests und Auswahlverfahren verfasst.

Außerdem entwickelt Waldemar Apps und Online-Tests, die Bewerber auf verschiedenste Auswahlverfahren vorbereiten. Er lebt mit seiner Familie in der schönen Hansestadt Lübeck.

4 Einleitung

Lernziele:

- Vorbereitung auf das psychologische Gespräch
- Vorbereitung mündlich und schriftlich für Alkohol-, Drogen-, Punkte-MPU
- Reaktionstest und Video-Material

Lerninhalte mit folgenden Aufgaben und Tests:

- Interaktive Aufgaben
- Infografiken
- Texte
- Videos
- Konzentrationsaufgaben

Gender-Hinweis

Aus Gründen der besseren Lesbarkeit wird bei Personenbezeichnungen und personenbezogenen Hauptwörtern in diesem Buch die männliche Form verwendet. Entsprechende Begriffe gelten im Sinne der Gleichbehandlung grundsätzlich für alle Geschlechter. Die verkürzte Sprachform hat nur redaktionelle Gründe und beinhaltet keine Wertung.

5 Allgemeine Information zum MPU

5.1 MPU Verkehrstest und Vorbereitung

Scanne den QR Code, um zum Video zu gelangen:

5.2 Test: MPU - typische Fragen

Hier findest du eine Auswahl an typischen Fragen in einer MPU. Beantworte diese Fragen wahrheitsgemäß auf einem extra Blatt Papier (in der Prüfung erhältst du einen entsprechenden Fragebogen). Am Ende kannst du deine Antworten mit den Hinweisen und Beispielantworten, die du auf der darauffolgenden Seite findest, abgleichen.

1. Weshalb bist du heute hier?
2. Wie kam es zum jeweiligen Delikt?
3. Hast du dich auf die MPU vorbereitet?
4. Wie hat sich dein Leben in der letzten Zeit verändert?
5. Was hast du für die Zukunft gelernt?

Aufgabe	Lösung
1.	Die Frage nach dem „Warum?“ kann als echter Klassiker im Gespräch mit den Psychologen bezeichnet werden. Obwohl diese Frage aber erst einmal einen recht harmlosen Eindruck macht, kannst du bei deiner Antwort schon einiges falsch machen. **Falsch wäre zum Beispiel zu sagen, dass man lediglich Pech hatte** und deshalb bei seinem Vergehen im Straßenverkehr erwischt wurde. Besser ist es, hier ehrlich zu erwähnen, dass man einen Fehler begangen hat und deshalb natürlich auch zurecht an der MPU teilnehmen muss. Eine gute Alternativlösung stellt dar, einfach nur zu beschreiben, was genau vorgefallen ist. Also tatsächlich zu sagen, weshalb du dem Psychologen gegenüber sitzt.
2.	Ebenfalls eine häufige Frage im psychologischen Gespräch in der MPU ist die Frage nach dem konkreten Delikt. Hier musst du also aus deiner Sicht beschreiben, was genau an dem Tag vorgefallen ist und **wie es dazu kam, dass du dich im Straßenverkehr falsch verhalten hast**. Warst du also beispielsweise am Vorabend auf einer Party und hast dich am nächsten Tag zu früh ans Steuer gesetzt, solltest du das auch so erzählen. Liegen andere Gründe vor, sind diese natürlich zu nennen. Auch hier spielt wieder ein persönlicher Fall eine wichtige Rolle. Es dürfte zum Beispiel schwer werden, den Prüfer bei einem hohen Alkoholwert davon zu überzeugen, dass du lediglich selten ein Glas trinkst. Denn dann wärst du eigentlich nicht mehr in der Lage, noch ein Fahrzeug zu führen. Ist also ein schwerwiegendes Alkohol- oder Drogenproblem die Ursache, ist genau das hier darzulegen. Hier geht es also vor allem **um die Ursachen für die Fehler** oder um die durchlaufene Entwicklung beim Konsum von Alkohol oder Drogen. **Gut zu wissen:** Die MPU psychologisches Gespräch Dauer liegt in der Regel bei rund 45 Minuten. Selbstverständlich kann sich der Psychologe aber auch mehr Zeit für dich nehmen oder dich bei einem guten Eindruck schon früher aus dem Gespräch entlassen.
3.	Eine für den Psychologen wichtige Frage ist im Gespräch auch die Frage nach der Vorbereitung des MPU-Teilnehmers. Der Grund hierfür liegt auf der Hand: Oftmals handelt es sich beim jeweiligen Vergehen um eine Tat, die tief verwurzelte Ursachen hat. **Und genau mit denen solltest du dich auch beschäftigt haben**. Das wiederum zeigt dem Psychologen, dass du deine kritische Lage vermutlich erkannt hast und bereit dazu bist, dich zu verändern. Nachweise sind hier oftmals eine gute Ergänzung. Hast du also beispielsweise während deiner MPU Vorbereitung an Vorbereitungskursen teilgenommen, solltest du diese Nachweise vorlegen können.

Lösungen der Text-Aufgaben.

Aufgabe	Lösung
4.	Dass du deinen Fehler eingesehen hast, ist die eine Sache. Der Psychologe möchte im Gespräch aber auch von dir wissen, wie sich dein Leben in der letzten Zeit konkret verändert hat. Hier solltest du also glaubhaft darstellen können, **was du für Maßnahmen ergriffen hast**, um deinem Problem Herr zu werden. Darüber hinaus ist es wichtig, hier zum Beispiel auch anfängliche Probleme bei einer Abstinenz zu benennen und zu erklären, **welche Auswirkungen diese möglicherweise auf den Körper oder dein alltägliches Leben hatte**. Wie genau sich dein Leben verändert hat, weißt letztendlich nur du selber. Wir können dir nur den Tipp geben, dass du hier auf jeden Fall ehrlich zum Psychologen sein solltest. Andernfalls wird dieser deine Lügen oder Halbwahrheiten ziemlich schnell aufdecken können.
5.	Auch diese Frage kann problemlos als „Evergreen" im psychologischen Gespräch einer MPU bezeichnet werden. Gemeint ist hier natürlich nicht deine generelle Zukunftsplanung, sondern vor allem das, was du aus dieser Maßnahme mitgenommen hast und wie du dich in der Zukunft verbessern möchtest. Hier ist es hilfreich darzulegen, dass dir die **neuen Erfahrungen zum Beispiel ohne Drogen oder Alkohol viel besser gefallen haben** und somit keine Gefahr für einen Rückfall besteht. Den Psychologen davon zu überzeugen, klappt allerdings nur dann, wenn du dich intensiv mit der Zukunft beschäftigst. Kannst du hier keine guten und überzeugenden Antworten liefern, hinterlässt das auf jeden Fall einen schlechten Eindruck.

Lösungen der Text-Aufgaben.

6 MPU Video Vorstellung und Fundament

Scanne den QR Code, um zum Video zu gelangen:

6.1 MPU – medizinisch-psychologischen Untersuchung: Was ist das?

Mit dem Begriff der MPU, die umgangssprachlich auch als Idiotentest bezeichnet wird, dürfte jeder Autofahrer etwas anfangen können. Bei dieser sogenannten Begutachtung der Fahrtauglichkeit wird mit Hilfe einer medizinisch-psychologischen Untersuchung abgeklärt, ob du deinen Führerschein zurückbekommen kannst. Diesen musstest du im Vorfeld der MPU nämlich abgeben. Wir verraten dir im Folgenden genauer, worauf es bei dieser Untersuchung ankommt, wie du dich vorbereiten kannst und welche Themen auf dich warten.

6.1.1 Definition der MPU

Die Definition der medizinisch-psychologischen Untersuchung lässt sich im Prinzip recht einfach beschreiben. Diese Untersuchung besteht aus mehreren Teilen und dient der Straßenverkehrsbehörde dafür, herauszufinden, ob du zum Führen eines Fahrzeugs geeignet bist. Teilnehmen muss an dieser Untersuchung aber nicht jeder Autofahrer. Tatsächlich ist es so, **dass der MPU erst einmal schwere Verstöße gegen die Straßenverkehrsordnung vorausgehen**. Du musst also beispielsweise durch Alkohol oder Drogen im Straßenverkehr aufgefallen sein oder deinen Führerschein aufgrund zu vieler Punkte abgeben müssen. In beiden Fällen wird dir der Führerschein abgenommen und du wirst mit einer Sperrfrist belegt. Ist diese abgelaufen, kannst du deine MPU Anmeldung durchführen und anschließend an der Prüfung teilnehmen.

Generell lässt sich dabei klar sagen, dass die MPU natürlich nicht dazu dient, dir den Weg zum Rückerhalt des Führerscheins unmöglich zu machen.Ganz im Gegenteil: Du solltest die MPU als Chance verstehen, um deine Probleme im Straßenverkehr wieder in den Griff zu bekommen. Dabei werden dir die Gutachter und Prüfer durchaus behilflich sein, du musst allerdings auch ein starkes Engagement zeigen. Andernfalls werden die Prüfer recht schnell merken, dass du die ganze Sache nicht so ernst nimmst und dir dementsprechend dann auch nicht deinen Führerschein zurückgeben.

6.1.2 Gründe für die Teilnahme an der MPU

Die Gründe für die Teilnahme an der MPU können in ganz unterschiedlichen Bereichen liegen. Gut zu wissen ist sicherlich, dass du aufgrund von kleinen Vergehen keine Befürchtungen haben musst, dass dir dein Führerschein entzogen wird.
Stattdessen wird eine medizinisch-psychologische Untersuchung in der Regel nur dann angeordnet, wenn du offensichtlich eine Gefahr für den Straßenverkehr darstellst. Und wann das unter anderem der Fall ist, siehst du hier:

- Fahren unter Alkoholeinfluss
- Fahren unter Drogeneinfluss
- Fahren unter starkem Medikamenteneinfluss
- Verlust des Führerscheins aufgrund zu vieler Punkte im Verkehrsregister
- Straftaten

In den ersten drei genannten Fällen würde dein Verhalten im Straßenverkehr nicht nur eine Gefahr für dich bedeuten, sondern auch das Leben anderer auf Spiel setzen. Aus diesem Grund wird dir der Führerschein entzogen und du bekommst ihn erst dann zurück, wenn du mit einer erfolgreichen MPU nachweisen konntest, dass du deine Fehler eingesehen und dich geändert hast.

Achtung: Durchführen darfst du deine MPU erst im Anschluss an eine mögliche Sperrfrist. Liegt diese bei sechs Monaten, kannst du also frühestens nach einem halben Jahr an der MPU teilnehmen und dir deinen Führerschein zurückholen.

7 MPU Fundament IIa - Ablauf

Scanne den QR Code, um zum Video zu gelangen:

7.1 MPU - wie ist der Ablauf?

Durchgeführt wird die MPU immer von einer unabhängigen Prüfstelle, wie zum Beispiel dem TÜV. Nachdem du dich für die MPU angemeldet hast, bekommst du einen Termin, an dem du deine Prüfungen meistern musst, zugeteilt. Damit aber nicht genug. Je nach Vergehen kann es sein, dass du weitere Tests und Untersuchungen über dich ergehen lassen musst. Bei einem Vergehen unter dem Einfluss von Drogen musst du dich beispielsweise auf einen MPU Drogentest einstellen, der mehrfach ohne vorherige Ankündigung durchgeführt werden muss.

Die medizinisch-psychologische Untersuchung unterteilt sich in diese drei große Aufgabenbereiche:

- Medizinischer Test
- Leistungstest
- Psychologisches Gespräch

Zusätzlich dazu beginnt jede medizinisch-psychologische Untersuchung damit, dass du zunächst ein paar Fragebögen ausfüllen musst. Als große Hürde können die Fragebögen eigentlich nicht bezeichnet werden, da du im Wesentlichen ganz nach deinen Vorstellungen antworten kannst. Allerdings kann es durchaus auch vorkommen, dass ein paar Wissensfragen zum Straßenverkehr gestellt werden. Im Anschluss geht es mit den richtigen Tests weiter, die wir im Folgenden genauer unter die Lupe nehmen werden.

7.1.1 Medizinischer Test

Generell musst du vor der medizinischen Untersuchung keine große Angst haben. Hierbei handelt es sich um eine Standarduntersuchung, in der zum Beispiel deine **grundlegen anatomischen Gegebenheiten untersucht werden**. Du musst hier also beispielsweise ein EKG erledigen, gleichzeitig aber auch die Fragen des Mediziners beantworten. Eine wichtige Rolle spielen bei den medizinischen Tests zudem die angesprochenen **Abstinenznachweise**. Es werden beispielsweise auch die Leberwerte oder ähnliches geprüft, welche dementsprechend nicht negativ ausfallen dürfen. Hast du doch Alkohol getrunken, lässt sich dies also schnell nachweisen und würde zu einem negativen Gutachten führen. Solltest du dich von Alkohol und Drogen aber ferngehalten haben, droht dir in dieser Prüfung keine Gefahr.

Musstest du deinen Führerschein zum Beispiel aufgrund von Drogen abgeben, musst dich auf regelmäßige Tests einstellen, die ohne Ankündigung durchgeführt werden. Einen Verhandlungsspielraum gibt es dabei natürlich nicht. Sollten diese Nachweise einen Konsum von Drogen offenlegen, führt das auf jeden Fall zu einem negativen Gutachten.

7.1.2 Leistungstest

Der Leistungstest wird oftmals auch als MPU Reaktionstest bezeichnet, da es hier auf Schnelligkeit, Konzentration und Reaktion ankommt. Durchgeführt werden in der Regel unterschiedliche Testvarianten, bei denen du dir zum Beispiel **Bilder einprägen oder auf bestimmte Dinge schnell reagieren musst**. Bekannt ist in dieser Hinsicht auch der Linienverfolgungstest, bei dem du eine Linie in einem Wirrwarr aus mehreren Linien ganz genau verfolgen musst. Durchgeführt wird der Leistungstest an einem Computer, **Konzentration ist dabei ganz besonders wichtig**. Insgesamt nimmt dieser Test einen Zeitraum von 30 Minuten ein, wobei du dich während der gesamten Zeit enorm konzentrieren musst.

7.1.3 Psychologisches Gespräch

Neben einer möglichen Haaranalyse, dem Reaktionstest und den anderen Hürden wartet in der MPU mit dem psychologischen Gespräch die wohl größte Herausforderung auf dich. Hier kommt es nicht auf dein Wissen oder deine Intelligenz an, sondern vor allem auf deine Ehrlichkeit und Glaubwürdigkeit.

Durchgeführt wird das Gespräch mit einem Gutachter, der dir gezielt Fragen zu deiner Situation und deinen Umständen stellen wird. Dabei kann es sich um simple Fragen handeln, mit denen **sich der Gutachter beispielsweise einfach nur nach deiner Lebenssituation erkundigt**. Fangfragen sind allerdings ebenfalls Bestandteil des psychologischen Gesprächs und liefern dem Gutachter für gewöhnlich zahlreiche Informationen.

Deine Aufgabe in diesem Dialog dürfte also klar sein: **Du musst den Gutachter davon überzeugen können, dass du dein Verhalten ändern konntest** und so beispielsweise auf Alkohol oder Drogen verzichtest. Das Ganze funktioniert natürlich aber nur dann, wenn deine Abstinenznachweise ein passendes Bild zeichnen. Hat der Prüfer den Eindruck, dass du deine Aufgabe noch nicht richtig verstanden hast und noch immer eine Gefahr für den Straßenverkehr darstellst, wird er dir kein positives Gutachten ausstellen.

Wichtig: Grundsätzlich ist es beim MPU Test natürlich so, dass du in allen Bereichen überzeugende Leistungen abliefern musst. Du kannst aber zum Beispiel deine Leistungen aus dem Reaktionstest hier und da mit guten Antworten im psychologischen Gutachten ausgleichen. Anders ist es allerdings, wenn du im psychologischen Gespräch keinen guten Eindruck hinterlassen kannst. In diesem Fall ist ein Ausgleich mit guten Ergebnissen aus den anderen Tests nicht möglich.

7.1.4 Wie sieht der Prüfungstag genau aus?

Es gibt wohl keine Person, die vor ihrem MPU Test nicht aufgeregt ist. Ein bisschen reduzieren lässt sich die Nervosität dann, wenn du ganz genau weißt, was dich erwarten wird. Aus diesem Grund haben wir für dich einen ungefähren Ablauf des Prüfungstages aufgeführt, an welchem du dich orientieren kannst:

- Ausfüllen der Fragebögen/Anmeldung: 10-15 Minuten
- Medizinische Untersuchung: 20-30 Minuten
- Reaktionstest: 30-40 Minuten
- Psychologisches Gespräch: 60 Minuten

Insgesamt nimmt der MPU Test also einen Zeitraum von rund 2,5 Stunden ein. Du solltest dir an diesem Tag im besten Fall nichts Weiteres vornehmen, da es durchaus zu einigen Verzögerungen kommen kann. Es ist also keine Seltenheit, wenn die Prüflinge rund die doppelte Zeit für ihren MPU Test an diesem Tag aufbringen müssen.

Gut zu wissen: Die Kosten für einen MPU Test liegen in der Regel zwischen 400 und 600 Euro. Hinzu kommen auch noch Kosten wie Verwaltungsgebühren, Analysen oder ähnliches. Insgesamt solltest du dich also auf MPU Kosten von rund 1.500 bis 2.000 Euro einstellen.

7.1.5 Welche MPU Stelle ist die Beste?

Generell ist es so, dass es ganz allein dir überlassen ist, bei welcher Stelle du deine MPU durchführen möchtest. Durchgeführt werden diese zum Beispiel in den Servicestellen vom TÜV, der im ganzen Land zahlreich vertreten ist. Passende Anlaufstellen dürften also schnell gefunden werden. Dabei erinnern wir daran, dass die Inhalte der Prüfung für ganz Deutschland identisch sind. Somit lässt sich im Prinzip einfach sagen, dass jede MPU Stelle als angemessen bezeichnet werden kann. Nachdem du dich für eine der Servicestellen entschieden hast, musst du dies allerdings deiner Verkehrsbehörde mitteilen.

7.1.6 Nicht bestanden: Was mache ich nun?

Die MPU Durchfallquote ist nicht zu unterschätzen, denn jedes Jahr fallen zahlreiche Prüflinge durch den Test. Die Gründe hierfür sind unterschiedlich: Zum einen „versagen" viele Teilnehmer im Gespräch mit dem Prüfer, weil sie keinen glaubwürdigen Eindruck rund um ihre Abstinenz vermitteln können. Zum anderen kann es aber auch sein, dass du aufgrund von negativen Antworten im Test durchgefallen bist. So oder so ist das in der Regel kein Beinbruch.

Natürlich wirst du erst einmal enttäuscht und vermutlich auch ziemlich niedergeschlagen sein. Allerdings kannst du in der Regel einen zweiten Versuch starten, wenn du beim ersten Mal nicht bestanden hast. In diesem Fall müsstest du sogar theoretisch nicht einmal eine Wartezeit in Kauf nehmen, sondern könntest dich direkt wieder für eine Prüfung anmelden.

Zu empfehlen ist dies nach so kurzer Zeit allerdings noch nicht. Immerhin bist du nicht ohne Grund durchgefallen und solltest dementsprechend an deinen Fehlern aus der Vergangenheit arbeiten. Gut ist es also, wenn du dir ein bisschen Zeit bis zum nächsten Prüfungstermin lässt und diese Zeit zum Üben sowie vorbereiten nutzt.

Bedenken solltest du dabei natürlich auch, dass bei einem weiteren Anlauf auch noch einmal alle Kosten für die Prüfungen und Untersuchungen auf dich zukommen.

Übrigens: Neben dem Bestehen und dem Durchfallen gibt es noch eine dritte Möglichkeit. Es kann auch sein, dass dich der Prüfer zu einer sogenannten Nachschulung schickt. Damit bist du noch nicht ganz aus dem Schneider, musst aber wenigstens kein zweites Mal an der MPU teilnehmen.

8 MPU Fundament IIb - Testfelder

Scanne den QR Code, um zum Video zu gelangen:

8.1 MPU - psychologisches Gespräch

Musstest du deinen Führerschein aufgrund von schwerwiegenden Verstößen im Straßenverkehr abgeben, ist der Weg bis zum Rückerhalt keinesfalls kurz. Du musst einige Tests und Aufgaben im Rahmen der MPU meistern und unter Umständen zum Beispiel auch einige Drogentests über dich ergehen lassen. Ein deutlich bekannterer Bestandteil des ganzen ist allerdings ein MPU psychologisches Gespräch. Hier unterhältst du dich mit einem Gutachter, welcher anschließend beurteilt, ob du deinen Führerschein zurückbekommen wirst. Was genau dabei für Fragen gestellt werden, worauf du dich einstellen musst und was es zu beachten gibt, erfährst du im Folgenden.

8.1.1 MPU: Welchen Sinn hat das psychologische Gespräch?

Eine MPU besteht immer aus unterschiedlichen Teilaufgaben, welche zusammen die gesamte Prüfung bilden. Hierbei handelt es sich zum einen um das psychologische Gespräch, in welchem du dich mit einem Psychologen in einem Raum befindest und deine aktuelle Situation erklärst. Der Psychologe analysiert deine Aussagen und entscheidet dann im Anschluss darüber, ob du deine Lektion gelernt hast und deinen Führerschein zurückerhalten wirst.

Das **psychologische Gespräch ist dabei in der MPU enorm wichtig und hat den größten Anteil an einem möglicherweise positiven Gutachten**. Solltest du nämlich im psychologischen Gespräch überzeugen können, kannst du schlechte Leistungen aus dem Test durchaus ausgleichen. Andersherum ist dies aber wiederum nicht möglich. Solltest du also ein MPU psychologisches Gespräch in den Sand setzen, kannst du diesen Auftritt auch mit starken Leistungen in den anderen Prüfungen nicht mehr ausgleichen.

8.1.2 MPU: Wie sieht das Gespräch im Detail aus?

Grundsätzlich lässt sich rund um ein MPU psychologisches Gespräch erwähnen, dass du dich hierbei nicht auf die juristischen Punkte konzentrieren musst. Der Psychologe interessiert sich also nicht für eine mögliche Schuldfrage, sondern voll und ganz für die Person vor ihm. Du musst also im Prinzip nicht allzu nervös sein, sondern kannst im Fall einer guten Vorbereitung entspannt an das Gespräch herangehen. Wie das psychologische Gespräch dann im Detail abläuft, siehst du in unserer Übersicht:

- Exploration/Lebenslauf
- Deliktgeschichte
- Deliktvorgeschichte/Deliktursachen
- Vorläufige Mitteilung des Ergebnisses

8.1.3 Lebenslaufdaten

Das psychologische Gespräch beginnt recht locker, so dass du dich erst einmal an deine aktuelle Situation gewöhnen kannst. Zu Beginn möchte sich der Gutachter ein genaues Bild von dir verschaffen und **überprüft zum Beispiel deinen Familienstand, deinen Beruf oder deine Hobbys**. Darüber hinaus werden dir möglicherweise auch ein paar Fragen zu deiner aktuellen Lebenssituation gestellt.

8.1.4 Deliktgeschichte

In diesem Teil geht es das erste Mal etwas intensiver in die Thematik. In der Deliktgeschichte geht es darum zu erklären, **was im Straßenverkehr genau passiert ist und warum es passiert ist**. Hier lieferst du also Informationen zum Vergehen selbst, kannst gleichzeitig aber auch die Begleitumstände genauer beschreiben.

8.1.5 Deliktvorgeschichte

Der wohl intensivste Part im MPU Gespräch wartet mit der Deliktvorgeschichte bzw. im Bereich der Deliktursachen auf dich. Hier geht es nicht mehr nur um die Vorfälle im Straßenverkehr, sondern die gesamte Problemlage auch abseits des Straßenverkehrs. Solltest du also beispielsweise mit Alkohol oder Drogen Probleme haben, wird hier **genauer über die Ursachen dafür gesprochen - und welche Schwierigkeiten der Konsum generell mit sich bringt**. Darüber hinaus interessiert sich der Psychologe an dieser Stelle auch dafür, wie sich deine Situation verändert hat und wie stabil diese Veränderung tatsächlich ist.

8.1.6 Vorläufige Mitteilung des Ergebnisses

Sobald der Gutachter genügend Informationen gesammelt hat, werden die Ergebnisse am Ende des Gesprächs zusammengefasst. Dir wird ein vorläufiges Resultat mitgeteilt. Sollte der Prüfer also einen guten Eindruck von dir bekommen haben, **wirst du bereits hier eine Information darüber erhalten, wie gut du abgeschnitten hast**. Beachten solltest du allerdings, dass dieses Ergebnis natürlich noch durch einen negativen Drogentest oder ähnliches verändert werden kann. Das genaue Gutachtenergebnis erhältst du nach wenigen Tagen per Post.

8.1.7 Wie lange dauert das Gespräch?

Eine genaue Angabe darüber, welche Dauer das psychologische Gespräch im MPU Test mit sich bringt, lässt sich so allgemein nicht geben. **Angepeilt sind hier mindestens 45 bis 60 Minuten**, da die Fragen auf keinen Fall in weniger als 30 Minuten beantwortet werden können. Der Prüfer selber ist allerdings an keine zeitliche Vorgabe gebunden, sondern kann sich für dich so viel Zeit nehmen, wie er möchte. Nach oben hin gibt es also keine Grenze.

Achtung: Gerade weil keine Begrenzung für das psychologische Gespräch aufgestellt wird, kann es hier zu Verzögerungen kommen. Daran solltest du also denken, wenn du deine Zeitplanung für den MPU Test aufstellst.

8.1.8 Auf welche Fragen musst du dich einstellen?

Natürlich gibt es auch rund um die Fragen keine einheitliche Angabe für alle Teilnehmer. Die Fragen richten sich immer danach, aus welchen Gründen du beim Psychologen bzw. der MPU gelandet bist und welchen Eindruck du insgesamt auf den Prüfer machst. Nichtsdestotrotz gibt es allerdings auch ein paar typische MPU psychologisches Gespräch Fragen, auf die du dich fast schon verlassen kannst. Welche das sind und wie du darauf am besten antworten solltest, verraten wir dir natürlich.

1. **„Warum bist du bei der MPU gelandet?“**

Für den Prüfer stellt diese Frage einen optimalen Einstieg in das Gespräch dar. Auch wenn die Antwort nämlich eigentlich recht simpel erscheint, verrät sie möglicherweise viel über deine Einstellung zu den Dingen. **Idealerweise antwortest du hier nur sachlich und beschreibst noch einmal, was genau passiert ist**. Werten solltest du hier nicht, das wird der Gutachter für dich übernehmen. Auf jeden Fall aber solltest du **ehrlich bleiben und klar zugeben, dass du einen Fehler gemacht hast**. Möchtest du dem Prüfer dein Vergehen als Ausrutscher verkaufen, dürfte das wiederum einen negativen Einfluss auf das Gespräch haben.

2. **„Hast du dich auf dieses Gespräch vorbereitet?“**

Auf diese Frage solltest du natürlich mit einem "Ja" antworten und klarstellen, dass **du dich intensiv mit dem Gespräch und der gesamten MPU beschäftigt hast**. Das musst du allerdings glaubwürdig rüberbringen können, denn ansonsten lassen diese Aussagen an deiner Glaubwürdigkeit zweifeln. Ideal ist es also, wenn du im Vorfeld wirklich eine MPU Vorbereitung durchgeführt hast und dich zum Beispiel mit Seminaren oder Online-Kursen auf deinen Test vorbereitest.

3. **„Wie kam es zu dem Vergehen?“**

Diese Frage hat es in sich, auch wenn sie auf den ersten Blick vielleicht sehr harmlos wirkt. Der Prüfer möchte von dir nämlich hier im Prinzip hören, dass du ein Problem mit deinem Verhalten rund um Drogen oder Alkohol hast. Der Grund hierfür liegt auf der Hand: Solltest du beispielsweise mit Drogen im Straßenverkehr erwischt worden sein, **bist du vermutlich kein Erstkonsument**, sondern greifst mit großer Wahrscheinlichkeit regelmäßig zu Drogen. Es wird dir hier also nicht helfen, zu erklären, dass es sich um eine einmalige Angelegenheit handelt. Stattdessen solltest du dein Problem benennen und dann auch erklären, wie du dich diesem gestellt hast.

4. **„Was möchtest du in der Zukunft verändern?"**

Ebenfalls eine enorm wichtige Frage ist die Frage nach der Zukunft bzw. den Zukunftsaussichten. Hier musst du dem Prüfer glaubhaft erklären können, **dass du aus deinen Erfahrungen der letzten Monate gelernt hast und dich von den alten Mustern komplett verabschiedest**. Der Prüfer wird hier allerdings auch genauer nachhaken und zum Beispiel fragen, was dich so sicher macht, dass du künftig komplett auf Drogen oder Alkohol verzichten kannst. Hierfür solltest du also ein paar gute Antworten parat haben.

Worauf kommt es für ein positives Ergebnis beim psychologischen Gespräch an?

Für die gesamte MPU und das Ergebnis hat das psychologische Gespräch eine übergeordnete Bedeutung. Du musst hier zwar keine Schuldfragen oder ähnliches beantworten und dich auch nicht rechtfertigen. Dennoch ist dieses Gespräch ganz wesentlich entscheidend dafür, ob du deinen Führerschein zurückbekommen wirst. Es kommt unterm Strich also darauf an, den Gutachter davon zu überzeugen, **dass du dich mit deiner Verkehrsauffälligkeit und den persönlichen Ursachen dafür intensiv beschäftigt hast** und hieraus auch Konsequenzen ziehen konntest.

Wichtig für einen positiven Eindruck ist hierbei vor allem, dass du bei der Wahrheit bleibst. Es bringt dir nichts, die Geschichten schön zu färben oder diese wohlmöglich vollkommen frei zu erfinden. Der Prüfer wird das schnell merken und **dich dann garantiert noch deutlich gründlicher unter die Lupe nehmen.** Darüber hinaus musst du hier übrigens auch nicht auf eine besonders gewählte Ausdrucksweise achten. Stattdessen solltest du in deiner eigenen Sprache sprechen, denn auch das erhöht die Glaubwürdigkeit natürlich deutlich. Gleichzeitig musst du dir auch keine Sorgen darüber machen, **dass du gewisse Dinge nicht richtig erklären kannst oder ähnliches.** Die Gutachter sind Profis und wollen dir unterm Strich natürlich auch helfen.

Sollte dein MPU psychologisches Gespräch negativ verlaufen sein, ist das ein K.O-Kriterium für ein positives Gutachten. Das heißt also: Überzeugst du den Prüfer im Dialog nicht, wirst du auch kein positives Gutachten bekommen und deinen Führerschein erst einmal nicht zurückerhalten.

8.1.9 Fazit

Musstest du deinen Führerschein aufgrund von Drogen oder Alkohol im Straßenverkehr abgeben, kannst du diesen natürlich nicht einfach so von heute auf morgen zurückbekommen. Stattdessen musst du in der MPU und insbesondere dem psychologischen Gespräch nachweisen können, dass du wirklich aus deinen Fehlern gelernt hast.
Das musst du glaubwürdig rüberbringen, denn ansonsten wird dir der Prüfer deine Aussagen nicht abkaufen – und in diesem Fall dann auch ein negatives Gutachten ausstellen.

Zusammenfassend lässt sich also ganz klar sagen, dass du dich intensiv auf das Gespräch vorbereiten solltest, was aber natürlich auch für die restlichen Aufgaben der MPU gilt.

8.2 MPU - ärztliche Untersuchung

Wirst du zu einer MPU eingeladen, kannst du dich schon einmal darauf einstellen, dass du in mehreren Prüfungen und Untersuchungen genauer unter die Lupe genommen wirst. Eine dieser Prüfungen ist dabei die MPU ärztliche Untersuchung, in welcher du von einem Arzt hinsichtlich deines Gesundheitszustandes geprüft wirst. Was das genau bedeutet und woraus die ärztliche Untersuchung für MPU besteht, siehst du im Folgenden.

8.2.1 Bedeutung der ärztlichen Untersuchung in der MPU

Es lässt sich klar und deutlich festhalten, dass die MPU ärztliche Untersuchung für das Gesamturteil eine enorme Bedeutung mit sich bringt. Das bedeutet im Klartext: Solltest du in der ärztlichen Untersuchung einen negativen Befund erhalten, sind deine Chancen für den Rückerhalt deines Führerscheins denkbar schlecht. Du **musst hier also einen guten Eindruck hinterlassen, um deinen Führerschein zurückbekommen zu können**. Sicherlich interessant zu wissen ist dabei, dass die ärztliche Untersuchung nicht immer gleich abläuft, sondern davon abhängig ist, warum du deinen Führerschein abgeben musstest. Dazu aber im weiteren Verlauf mehr.

8.2.2 Ablauf der ärztlichen Untersuchung

Wie die ärztliche Untersuchung für MPU genau aussieht, hängt von deinem jeweiligen Fall ab. Solltest du deinen Führerschein zum Beispiel aufgrund eines Punktevergehens hast abgeben müssen, fällt die Untersuchung ein bisschen kürzer aus, als bei einem Drogen- oder Alkoholdelikt. Generell lässt sich dabei festhalten, dass die MPU aus folgenden Bestandteilen besteht:

- Anamnese
- Körperliche Untersuchung
- Laborbefunde
- Gespräch mit dem Arzt

Zunächst einmal **wird das Untersuchungsgespräch, die sogenannten Anamnese durchgeführt**. Hier erkundigt sich der Arzt nach eventuellen Erkrankungen oder danach, ob du bestimmte Medikamente einnimmst. Gleichzeitig möchte der Mediziner von dir aber auch ein paar Infos zum aktuellen Wohlbefinden haben. Ist dieser Teil abgearbeitet, **geht es mit einer körperlichen Untersuchung weiter**. Hier wird allerdings nur das geprüft, was für deine MPU auch wirklich relevant ist. Bei einem Entzug aufgrund zu vieler Punkte entfällt dieser Teil also häufig, bei Drogen oder Alkohol werden ein neurologischer Untersuchungsbefund, ein körperlicher Untersuchungsbefund und eine orientierende, psychiatrische Untersuchung durchgeführt.

Ebenfalls relevant sind zudem die Laborbefunde, wenn du mit Drogen oder Alkohol Probleme hast. Bei **einer Alkoholfragestellung wird zum Beispiel noch eine Blutuntersuchung durchgeführt**, beim Konsum von Drogen findet ein MPU Drogentest in Form einer Urinuntersuchung statt. Abschließend wird ein Gespräch mit dem Arzt geführt, welches den Eindruck aus den Untersuchungen noch einmal verfestigen soll.

Achtung: Neben den Tests am eigentlichen Prüfungstag musst du schon im Vorfeld immer wieder an Drogenscreenings teilnehmen und so über einen längeren Zeitraum nachweisen, dass du mit Alkohol oder Drogen nichts mehr zu tun hast.

8.2.3 Wie lange dauert die ärztliche Untersuchung?

Insgesamt nimmt dein MPU Test einen Zeitraum von rund 2,5 Stunden ein. Erfahrungsgemäß kannst du dich allerdings darauf einstellen, dass sich der Ablauf ein bisschen verzögert und dementsprechend eine etwas längere Dauer in Kauf genommen werden muss. Mit Snacks und Getränken solltest du dich also definitiv eindecken. Die ärztliche Untersuchung selber ist allerdings schnell abgehandelt und **nimmt nur einen Zeitraum von rund 20-30 Minuten in Anspruch**.

Bist du mit der ärztlichen Untersuchung durch, bedeutet das aber natürlich nicht, dass du auch deine MPU bereits komplett hinter dich gebracht hast. **Stattdessen ist es so, dass noch weitere Prüfungen auf dich warten**. Hierzu gehört zum Beispiel der MPU Reaktionstest, mit dem an einem Computer deine Reaktionsgeschwindigkeit und deine Wahrnehmung überprüft werden. Zusätzlich dazu musst du aber auch ein paar Fragebögen beantworten und ein psychologisches Gespräch mit einem Gutachter meistern.

Gut zu wissen: Einige Leistungen bzw. Ergebnisse kannst du im Laufe deiner MPU zum Beispiel durch ein positives Gespräch mit dem Gutachter ausgleichen. Bei medizinischen Auffälligkeiten oder gar einem positiven Drogentest allerdings ist das nicht möglich.

8.2.4 Kein Grund um nervös zu werden

Dass bei der MPU eine ärztliche Untersuchung durchgeführt wird, sorgt bei vielen Prüflingen für eine gewisse Nervosität. Die ist hier allerdings vollkommen unangebracht. Zumindest dann, wenn du keine Drogen konsumiert und keinen Alkohol zu dir genommen hast. Das wird natürlich geprüft, darüber hinaus wirst du aber zum Beispiel auch einer allgemeinen medizinischen Untersuchung unterzogen oder musst ein Gespräch mit dem untersuchenden Arzt führen. Alles in allem ist diese Untersuchung jedoch schnell abgearbeitet, so dass du dich dann an die nächsten Aufgaben machen kannst. Und auf die solltest du dich definitiv gut vorbereiten.

8.3 Farb-Reaktionstest - allgemeine Infos

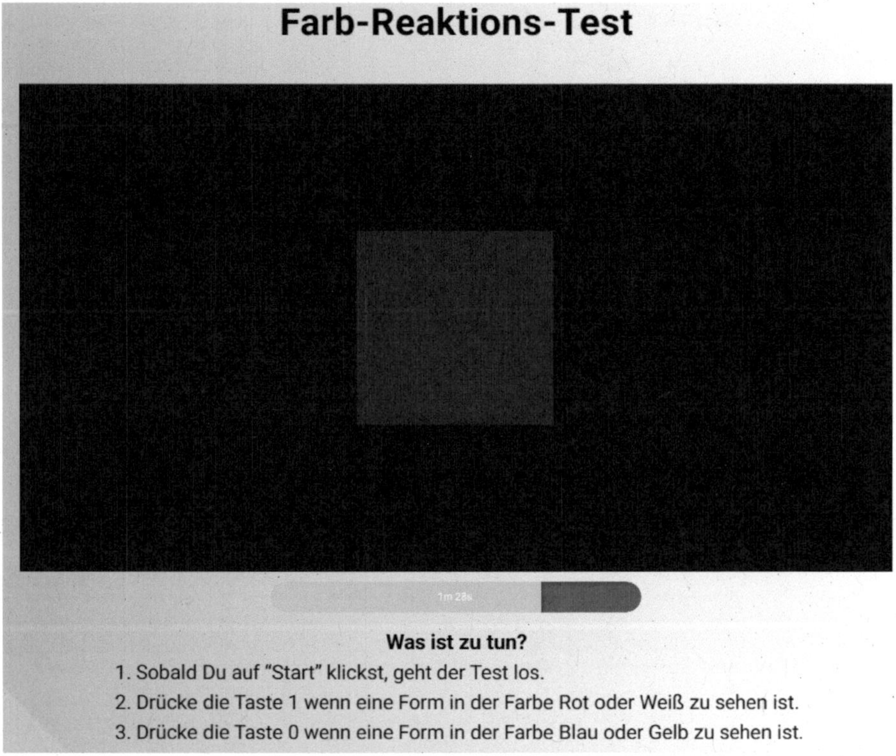

Farb-Reaktions-Test

1m 28s

Was ist zu tun?

1. Sobald Du auf "Start" klickst, geht der Test los.
2. Drücke die Taste 1 wenn eine Form in der Farbe Rot oder Weiß zu sehen ist.
3. Drücke die Taste 0 wenn eine Form in der Farbe Blau oder Gelb zu sehen ist.

Wird ein Reaktionstest durchgeführt, dann spielen oftmals Farbsignale eine enorm wichtige Rolle. So geht es beispielsweise im Reaktionstest "Rot - Grün" um Farben, die immer wieder in verschiedenen Aufgaben vorkommen.

Ein gutes Beispiel für einen entsprechenden Farb-Reaktionstest ist der sogenannte Stroop-Test. Bei diesem Test steht ein zentraler Farbbutton im Fokus, der ein Wort bzw. eine Farbe darstellt. Lautet die Farbe in geschriebenen Buchstaben auf dem Button beispielsweise „Rot", kann die eigentliche Schriftfarbe des Buttons aber Grün sein. Im Test liegt die Aufgabe der Teilnehmenden nun darin, möglichst schnell die Farbe festzulegen, in welcher die Schrift dargestellt wird.

Eine alternative Herangehensweise für den Test der Reaktion, Konzentration und auch des Sehvermögens ist es wiederum, wenn im Reaktionstest ein kleines Feld zum Beispiel in roter Farbe angezeigt wird und dieses seine Färbung langsam ins Grüne verändert. Die Teilnehmenden müssen dann an dem Zeitpunkt eine Reaktion zeigen, an welchem sie diese Umfärbung erkennen. Je früher das geschieht, desto besser ist es natürlich.

Hinweis: Dieser Inhalt bietet lediglich einen allgemeinen Überblick über den Farb-Reaktionstest. Für eine Durchführung des Tests empfehlen wir unseren Online Testtrainer.Dieser bietet dir neben der Durchführung eines Farb-Reaktionstests auch weitere Aufgaben für deine Vorbereitung.

8.4 Reaktionszeittest - allgemeine Infos

Die Reaktionszeit misst die Zeit, die zwischen der Wahrnehmung eines Reizes und der entsprechenden Antwort auf eben diesen Reiz vergeht.

So läuft der Reaktionsprozess ab:

- Wahrnehmung des Reizes: Du nimmst einen Reiz durch deine Sinne (Sehen, Hören, Fühlen, Schmecken und / oder Riechen) wahr.
- Verarbeitung des Reizes: Du konzentrierst dich auf den Reiz und verarbeitest die darin enthaltene Information.
- Antwort auf den Reiz: Nach der Verarbeitung handelst du entsprechend auf den Reiz.

Faktoren, die die Reaktionszeit beeinflussen
Die Reaktionszeit beeinflusst unser tägliches Leben. Eine schnelle Reaktionszeit ermöglicht es uns, rasch und effizient auf gewisse Situationen zu reagieren. Wichtig ist, dass wir die uns entgegengebrachten Informationen korrekt verarbeiten. Dabei gibt es bestimmte Faktoren, die die Reaktionszeit und damit das Verarbeiten von sowie Reagieren auf Reize beeinflussen.

Faktoren, die auf deine Reaktionsgeschwindigkeit einen Einfluss haben:

- Komplexität des Reizes: Je komplexer der Reiz, desto mehr Information musst du verarbeiten. Entsprechend langsamer ist deine Reaktion auf diesen Reiz.
- Vertrautheit des Reizes: Je vertrauter der Reiz ist, desto schneller reagierst du auf diesen. Warum? Du musst weniger (neue) Informationen verarbeiten und weißt entsprechend schon im Vorfeld, wie du zu reagieren hast.
- Dein persönlicher Zustand: Sowohl dein Alter als auch deine psychische sowie physische Verfassung spielen bei der Reizaufnahme und -verarbeitung eine Rolle. Bist du beispielsweise müde oder angetrunken, nimmst du einen Reiz aufgrund reduzierter Aufmerksamkeit langsamer wahr.
- Deine Sinnesorgane: Nimmst du einen akustischen Reiz auf, verarbeitest du diesen in der Regel schneller als beispielsweise einen Reiz, den du mit deinen Augen aufgenommen hast. Jede Sinnesmodalität weist unterschiedliche Reaktionszeiten auf.

Beispiele für die Reaktionszeit

Wie eingangs erwähnt, spielt die Reaktionszeit gerade bei Berufen, bei denen eine schnelle Reaktionsgeschwindigkeit von Nöten ist, eine entscheidende Rolle. Pilotinnen und Piloten, Flugbegleiterinnen und Flugbegleiter, aber auch Busfahrerinnen und Busfahrer müssen regelmäßig ihr Reaktionsvermögen ganz im Sinne der Verkehrstauglichkeit überprüfen. Es gilt für sie, so schnell und zielgerichtet wie möglich auf einen oder mehrere Reize aus der Umwelt zu reagieren. Im Allgemeinen wird eine gute Reaktionszeit mit guten Reflexen verknüpft. Doch auch für Prüflinge einer MPU Untersuchung ist eine schnelle Reaktionszeit unabdingbar.

Sei es nun während des Fahrens, inmitten eines Gesprächs oder beim Sport, stets ist Fingerspitzengefühl gefragt. Auch bei diesen folgenden Beispielen wird schnell klar, warum es wichtig ist, schnell und genau zu reagieren:

- Eine schnelle Reaktionszeit ist beispielsweise dann beim Autofahren wichtig, wenn du dich einem Zebrastreifen näherst. Ab dem Moment, ab dem du den Zebrastreifen siehst und entsprechend anfängst zu reagieren (langsam heranfahren, Überblick verschaffen, ggf. anhalten und neu starten), läuft die Reaktionszeit.
- Beim Fußballmatch ist ebenfalls eine schnelle Reaktion auf die Bewegung des Gegners gefragt. Was wird dieser als nächstes tun? Wie solltest du darauf reagieren? Eine schnelle und präzise Reaktion kann das Verhindern einer Torchance des gegnerischen Teams und / oder das Erzielen eines Tores für die eigene Mannschaft ermöglichen.
- Wenn du während des Kochens wegen eines Telefonats abgelenkt wurdest und es plötzlich stark nach Rauch riecht, musst du schnell reagieren. Wo ist der nächste Feuerlöscher? Wie lautet die Rufnummer der Feuerwehr?

Es ist daher nicht verwunderlich, dass die Reaktionsgeschwindigkeit regelmäßig gemessen und bewertet wird.
Durch gewisse Reaktionszeit Tests können zum Beispiel im Gesundheitsbereich Wahrnehmungsstörungen oder Probleme mit der Motorik von Patientinnen und Patienten schnell entdeckt und – bestenfalls – behoben werden. Ein anderes Beispiel sind Pilotinnen und Piloten, die entsprechend des Messergebnisses eines Reaktionszeittests ganz im Sinne der Personenbeförderungstauglichkeit ein- oder abgesetzt werden können.

Hinweis: Dieses Buch bietet lediglich einen allgemeinen Überblick über den Reaktionszeittest. Für eine Durchführung des Tests empfehlen wir unseren Online Testtrainer.

8.5 Test: Linienfolgetest

In diesem Test müssen die Anfände der entsprechenden Linien den Endbuchstaben zugeordnet werden. Wo endet die jeweilige Linie?

1. Mit welchem Buchstaben endet die Line 3?

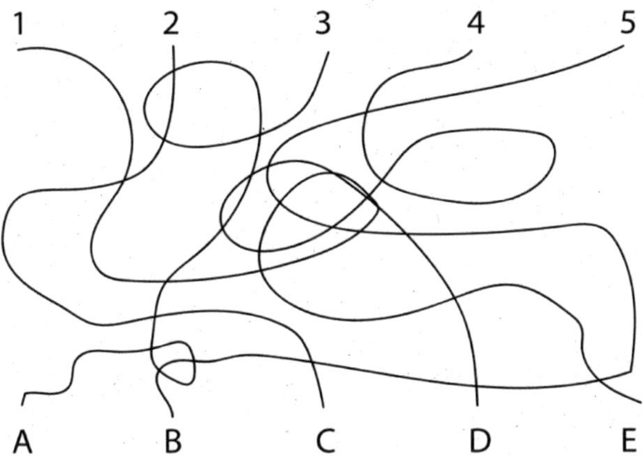

- ○ a) A
- ○ b) B
- ○ c) C
- ○ d) D
- ○ e) E

2. Mit welchem Buchstaben endet die Linie 1?

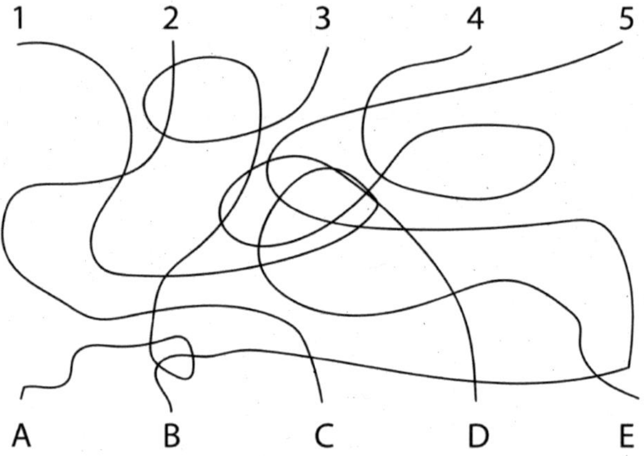

- ◯ a) A
- ◯ b) B
- ◯ c) C
- ◯ d) D
- ◯ e) E

3. Mit welchem Buchstaben endet die Linie 2?

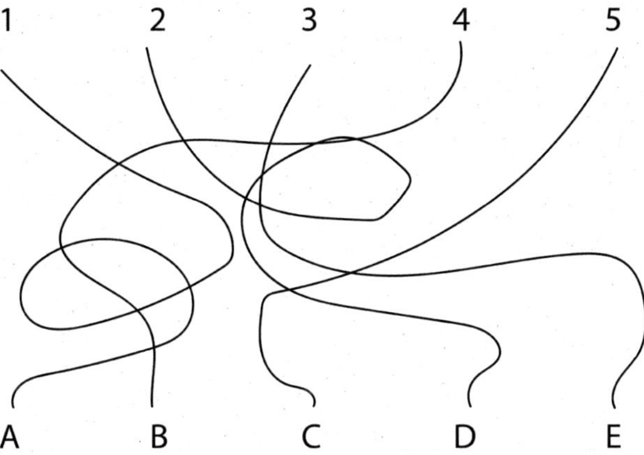

- ◯ a) A
- ◯ b) B
- ◯ c) C
- ◯ d) D
- ◯ e) E

4. Mit welchem Buchstaben endet die Linie 4?

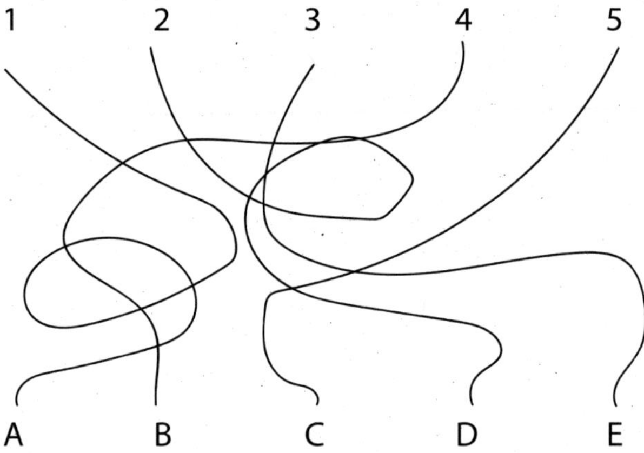

- ◯ a) A
- ◯ b) B
- ◯ c) C
- ◯ d) D
- ◯ e) E

5. Mit welchem Buchstaben endet die Linie 2?

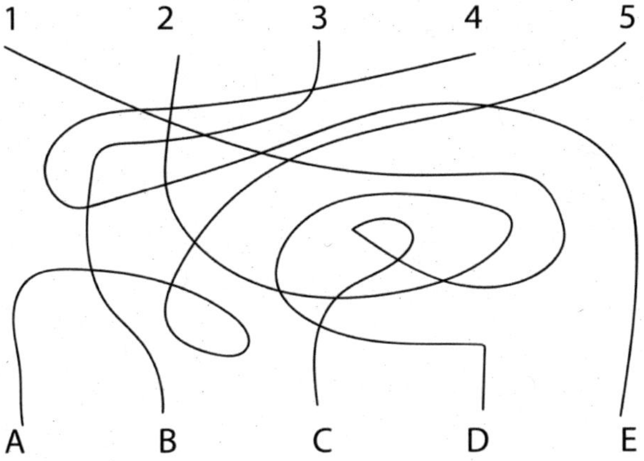

- ◯ a) A
- ◯ b) B
- ◯ c) C
- ◯ d) D
- ◯ e) E

6. Mit welchem Buchstaben endet die Linie 5?

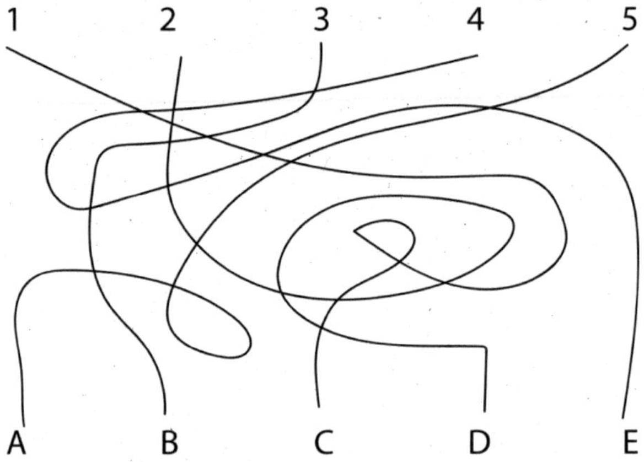

- ◯ a) A
- ◯ b) B
- ◯ c) C
- ◯ d) D
- ◯ e) E

7. Mit welchem Buchstaben endet die Linie 1?

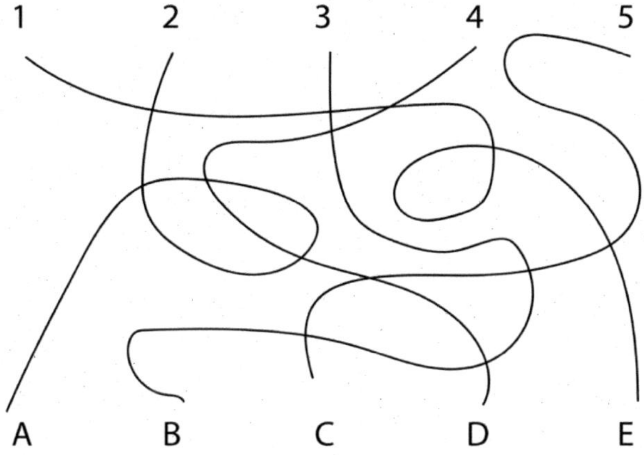

- ◯ a) A
- ◯ b) B
- ◯ c) C
- ◯ d) D
- ◯ e) E

8. Mit welchem Buchstaben endet die Linie 4?

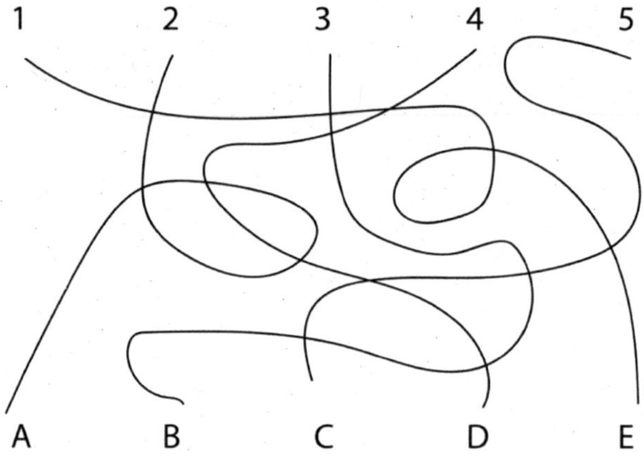

- ◯ a) A
- ◯ b) B
- ◯ c) C
- ◯ d) D
- ◯ e) E

9. Mit welchem Buchstaben endet die Linie 2?

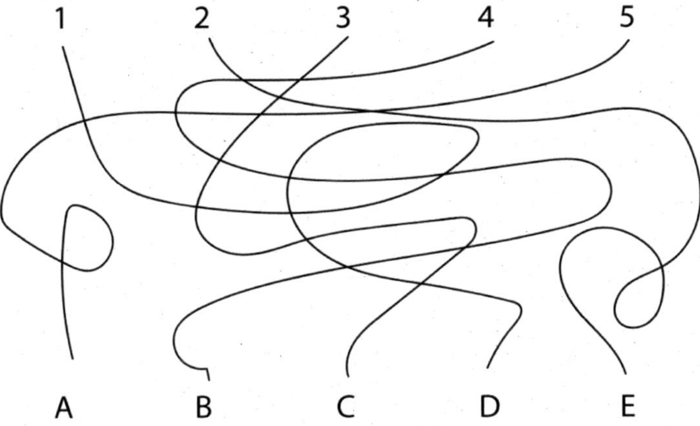

- ◯ a) A
- ◯ b) B
- ◯ c) C
- ◯ d) D
- ◯ e) E

10. Mit welchem Buchstaben endet die Linie 1?

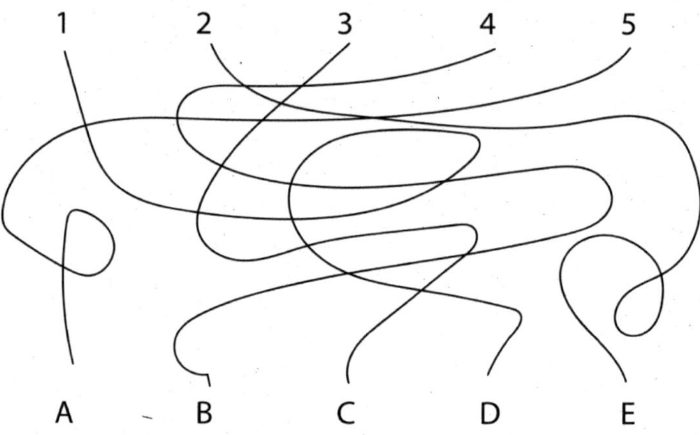

- ◯ a) A
- ◯ b) B
- ◯ c) C
- ◯ d) D
- ◯ e) E

11. Mit welchem Buchstaben endet die Linie 4?

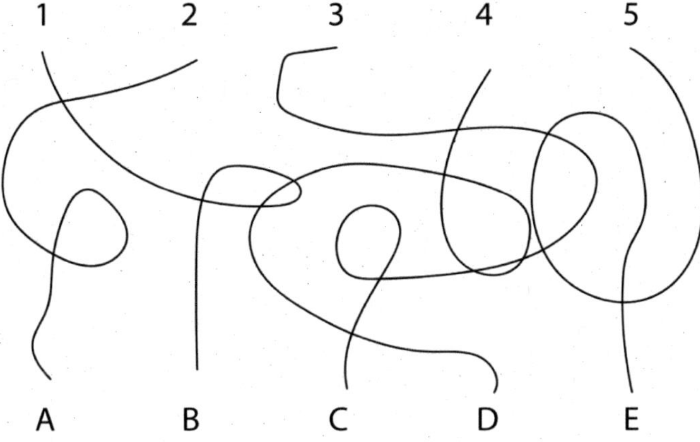

- ◯ a) A
- ◯ b) B
- ◯ c) C
- ◯ d) D
- ◯ e) E

12. Mit welchem Buchstaben endet die Linie 5?

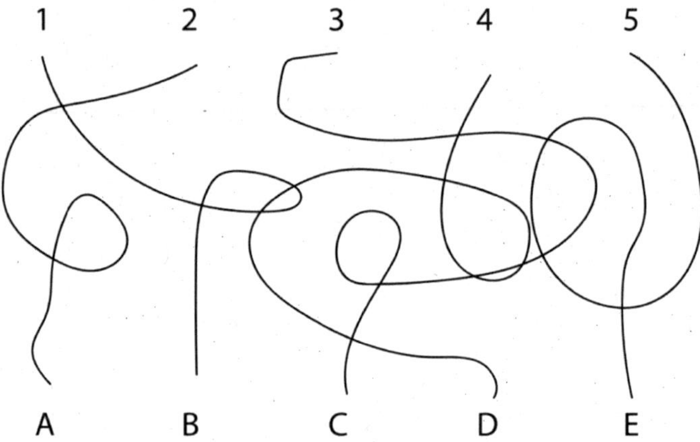

- ◯ a) A
- ◯ b) B
- ◯ c) C
- ◯ d) D
- ◯ e) E

13. Mit welchem Buchstaben endet die Linie 1?

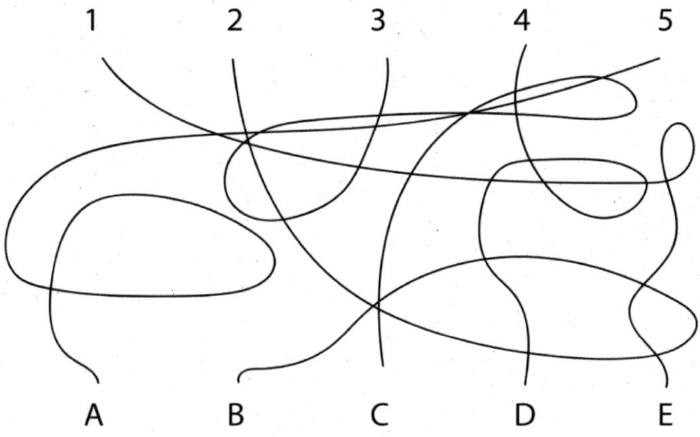

- ◯ a) A
- ◯ b) B
- ◯ c) C
- ◯ d) D
- ◯ e) E

14. Mit welchem Buchstaben endet die Linie 3?

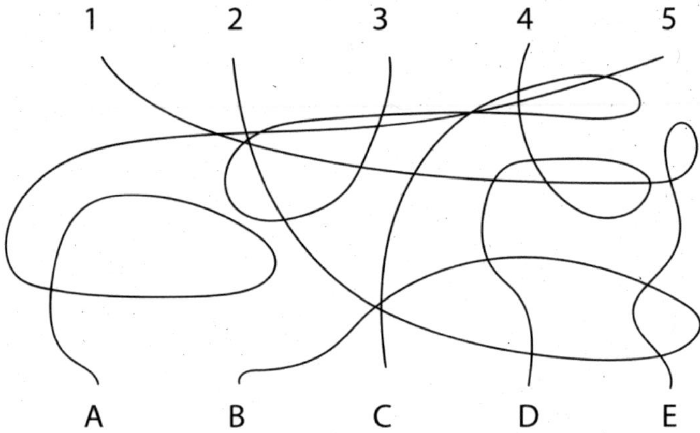

- ◯ a) A
- ◯ b) B
- ◯ c) C
- ◯ d) D
- ◯ e) E

15. Mit welchem Buchstaben endet die Linie 2?

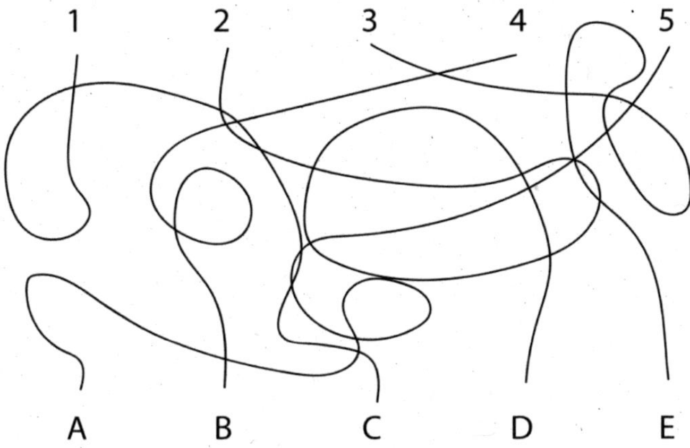

- ◯ a) A
- ◯ b) B
- ◯ c) C
- ◯ d) D
- ◯ e) E

16. Mit welchem Buchstaben endet die Linie 4?

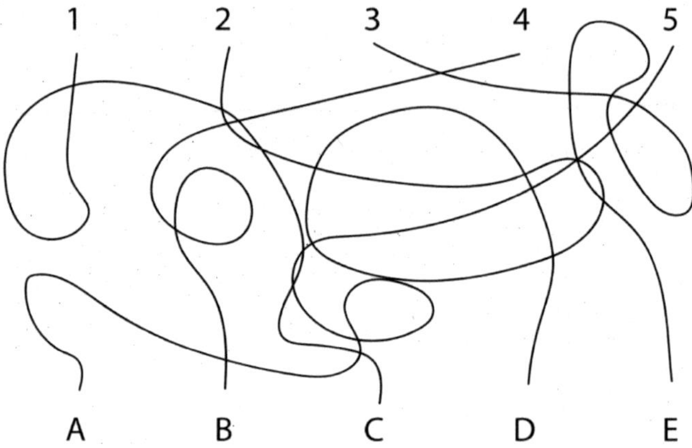

- a) A
- b) B
- c) C
- d) D
- e) E

17. Mit welchem Buchstaben endet die Linie 5?

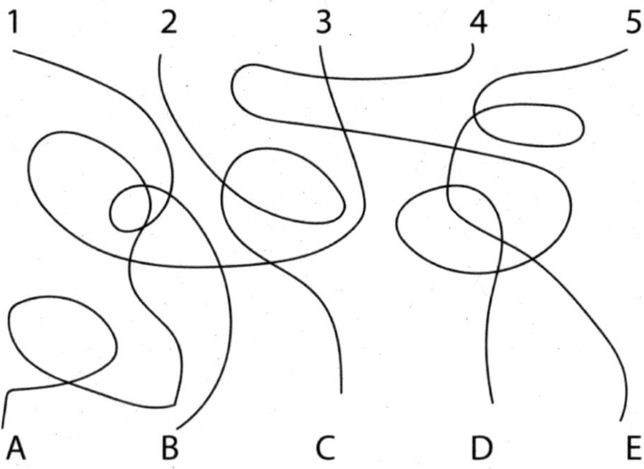

- ◯ a) A
- ◯ b) B
- ◯ c) C
- ◯ d) D
- ◯ e) E

18. Mit welchem Buchstaben endet die Linie 2?

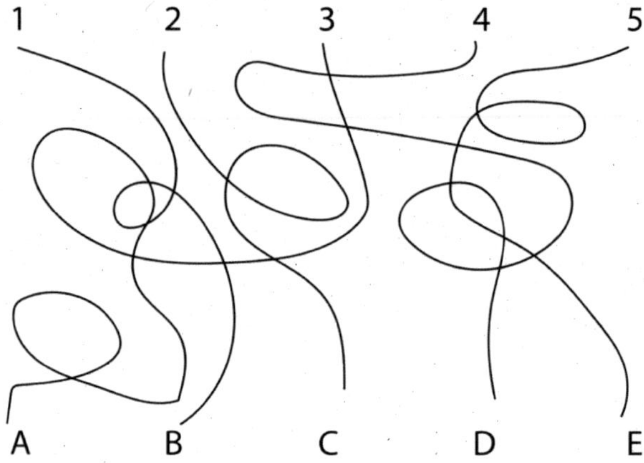

- ◯ a) A
- ◯ b) B
- ◯ c) C
- ◯ d) D
- ◯ e) E

19. Mit welchem Buchstaben endet die Linie 1?

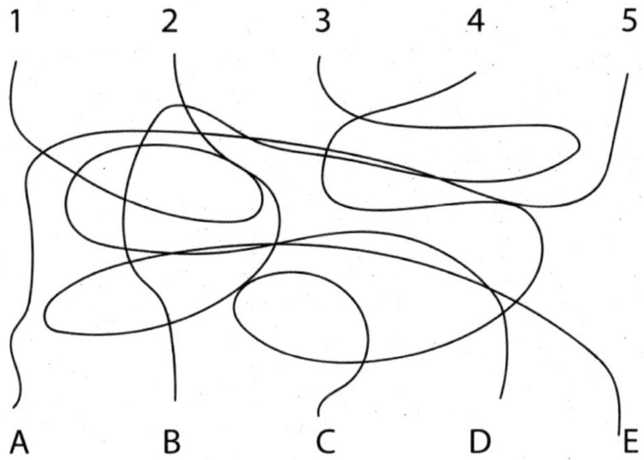

- ◯ a) A
- ◯ b) B
- ◯ c) C
- ◯ d) D
- ◯ e) E

20. Mit welchem Buchstaben endet die Linie 4?

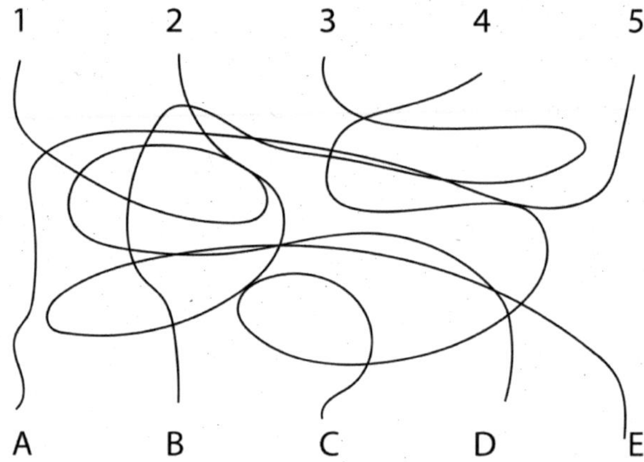

- a) A
- b) B
- c) C
- d) D
- e) E

8.6 Lösungen: Linienfolgetest

Aufgabe	Lösung	Aufgabe	Lösung	Aufgabe	Lösung
1.	a)	2.	e)	3.	d)
4.	b)	5.	d)	6.	a)
7.	e)	8.	d)	9.	e)
10.	d)	11.	d)	12.	e)
13.	e)	14.	c)	15.	d)
16.	b)	17.	e)	18.	c)
19.	d)	20.	c)		

Lösungen der Auswahl-Fragen.

9 MPU Fundament III - gesetzliche Grundlagen

Scanne den QR Code, um zum Video zu gelangen:

9.1 MPU Sperrfrist verkürzen

Ist der Führerschein erst einmal weg, machen verschiedene gesetzliche Hürden den Weg zum Rückerhalt oftmals nicht gerade einfach. Eine dieser Hürden ist die Sperrfrist, mit der in der Vergangenheit immer wieder Verkehrsteilnehmer zu „kämpfen“ hatten. Was es mit dieser Frist genau auf sich hat und wie sich die Sperrfrist verkürzen lässt, zeigen wir dir nachfolgend im Detail.

9.1.1 Sperrfrist – was hat es damit auf sich?

Geht es um den Führerscheinentzug, fällt das Wort Sperrfrist recht häufig. Doch was genau hat es damit auf sich? Im Detail gibt die Sperrfrist an, wie lange ein Verkehrsteilnehmer warten muss, bis er wieder eine Neuausstellung des Führerscheins beantragen kann. **Verbunden ist die Sperrfrist in aller Regel mit einem auffälligen Fehlverhalten im Straßenverkehr**, zum Beispiel durch wiederholten starken Alkoholkonsum. In diesem Fall **geht die Sperrfrist dann auch meistens mit der verpflichtenden Teilnahme an einer MPU einher**.

9.1.2 Wie kann ich die Sperrfrist verkürzen?

Es ist tatsächlich möglich, seine Sperrfrist zu verkürzen. Ob dieser Bitte stattgegeben wird, ist allerdings immer eine Einzelfallentscheidung und kann durch verschiedene Faktoren beeinflusst werden. Auf jeden Fall ist es ratsam, sich Hilfe durch einen Verkehrsanwalt zu holen, wenn du deine Sperrfrist verkürzen möchtest. Dieser kann mit dir alle weiteren Schritte besprechen, die dich auf dieser „Mission“ unterstützen können. Hierzu gehören zum Beispiel die Teilnahme an einer MPU oder weitere Schulungen. Gleichzeitig kann jeder Verkehrsteilnehmer aber auch selbst aktiv werden und beim zuständigen Gericht eine Bitte bzw. einen Antrag einreichen. In diesem Fall solltest du allerdings auch gut begründen, welche Schritte du bereits eingeleitet hast und wie sich dein Verhalten künftig bessern wird.

9.1.3 Was passiert, wenn keine Sperrfrist-Verkürzung gestattet ist?

Hat es mit dem Verkürzen der Sperrfrist nicht geklappt, musst du diese wohl oder übel abwarten. Es ist nicht möglich, die Sperrfrist anderweitig zu umgehen. **Frühestens drei Monate vor Ablauf der Sperrfrist kannst du dann deinen Antrag auf Neuerteilung des Führerscheins stellen.** Je nach Schwere deines Vergehens musst du also noch eine ganze Zeit lang warten.

9.1.4 Fazit: Sperrfrist verkürzen ist in Einzelfällen möglich

Wird die Fahrtauglichkeit eines Verkehrsteilnehmers stark angezweifelt, kann ihm eine Sperrfrist auferlegt werden. Diese legt dann einen gewissen Zeitraum fest, innerhalb dessen der Verkehrsteilnehmer seinen Führerschein nicht wieder neu beantragen kann. Die gute Nachricht: Du kannst diese Sperrfrist verkürzen, musst hierfür allerdings verschiedene Schritte einleiten. Eine Garantie dafür, dass der Verkürzung wirklich stattgegeben wird, gibt es zudem nicht. Es handelt sich immer um eine Einzelfallentscheidung, die auch davon abhängig ist, wie sehr du dich um die Verkürzung bemüht hast bzw. welche Schritte du hierfür bereits eingeleitet hast. Förderlich ist es zum Beispiel, wenn du an verschiedenen Schulungen oder Kursen teilnimmst. Auf jeden Fall solltest du dich in dieser Angelegenheit zudem auf die professionelle Hilfe eines Rechtsanwalts verlassen.

9.2 Gesetzliche Gründe für die MPU

Es werden vom Gesetzgeber die MPU aufgrund von Drogen, Alkohol, Punkten oder Straftaten unterschieden.

9.2.1 MPU aufgrund von Alkohol – Grenzwerte

In Deutschland werden jedes Jahr zahlreiche Autofahrer zur medizinisch-psychologischen Untersuchung gebeten und müssen hier nachweisen, dass sie dafür geeignet sind, am Straßenverkehrt teilzunehmen. Eine MPU wegen Alkohol ist dabei einer der häufigsten Gründe. Ein Drink zu spät am letzten Abend und schon ist man möglicherweise über dem gesetzlich geltenden Grenzwert. Der Führerschein wird eventuell entzogen und es folgt eine ganze Menge bürokratischer Ärger.

In Deutschland sieht der Gesetzgeber für den Straßenverkehr unterschiedliche Grenzwerte vor, mit denen festgelegt wird, ob die Bedienung eines Fahrzeugs noch sicher umgesetzt werden kann. Für **Autofahrer gilt beim Alkohol die Promille-Grenze von 0,5 Promille**, wobei ab diesem Wert im Bußgeldkatalog bereits Strafen vorgesehen werden. Im Prinzip bedeutet das also, dass die Grenze bei 0,49 Promille gesetzt wird. Wer mit diesem Wert unterwegs ist, aber keine Gefahr für den Straßenverkehr darstellt, bewegt sich für das Gesetzbuch noch vollkommen im Rahmen. **Doch was passiert, wenn ich mit 0,5 Promille im Blut angehalten werde?** Im Falle eines Ersttäters ist dann mit einem Bußgeld von rund 500 Euro, zwei Punkten in Flensburg und einem Fahrverbot von einem Monat zu rechnen. Sollte sich das Vergehen wiederholen, wird die Strafe drastisch angehoben, so dass nach dem dritten Verstoß schon ein dreimonatiges Fahrverbot, zwei Punkte und ein Bußgeld von 1.500 Euro drohen. Wer auch danach noch gegen die Vorgabe verstößt, **erhält eine Einladung zur MPU**, da er ganz offensichtlich nicht fähig dazu ist, ohne einen Alkoholwert im Blut am Straßenverkehr teilzunehmen.

Zusätzlich zu dieser Grenze gibt es in Deutschland auch die sogenannte **MPU-Promillegrenze**. Diese liegt bei 1,6 Promille. Wurde dieser Wert erreicht, hält die Führerscheinbehörde eine medizinisch-psychologische Untersuchung auf jeden Fall für sinnvoll. Ohnehin spielen hier die Einstellungen der Behörden eine ganz wesentliche Rolle, denn **letztendlich ist jeder Entscheid für eine MPU immer eine Einzelfallentscheidung**. Solltest du also eine Gefahr für den Straßenverkehr darstellen, kann die MPU auch schon ab einem deutlich geringeren Promillewert angeordnet werden. Die „Chancen" darauf steigen, wenn es sich nicht um dein erstes Vergehen dieser Art handelt.

Achtung: Solltest du in der Probezeit als Fahranfänger am Steuer unterwegs sein oder das 21. Lebensjahr noch nicht erreicht haben, gibt es keinerlei Toleranzen. Eine Anordnung MPU wegen Alkohol kann dann auch schon bei 0,01 Promille erfolgen.

9.2.2 MPU wegen Drogenkonsum – Grenzwerte

In den letzten Jahren hat der Drogenkonsum in Deutschland in vielen Städten stark zugenommen. Nur die wenigsten Menschen denken aber zum Beispiel am Wochenende daran, dass ein Drogenkonsum auch in der nächsten Woche auf dem Weg zur Arbeit Probleme im Straßenverkehr bringen kann – und das nicht zu knapp. Wer mit Resten von Betäubungsmitteln im Körper erwischt wird, muss seinen Führerschein abgeben. Zusätzlich droht die MPU wegen Drogen, die als mindestens genauso großes Übel bezeichnet werden kann.

Es ist ganz gleich, ob harte Drogen oder „weiche" Drogen: Solltest du mit Rückständen im Körper im Straßenverkehr erwischt werden, musst du immer davon ausgehen, dass eine MPU angeordnet wird. In Deutschland hat sich die Gesetzeslage in den letzten Monaten ein kleines bisschen geändert, so dass nun zum Beispiel beim Konsum von Cannabis **die genauen Restwert im Blut darüber entscheiden, welche Strafe dir auferlegt wird**. Sollte dieser Restwert enorm gering sein, kommst du also möglicherweise um einen Führerscheinentzug und die MPU herum.

Definitiv zu einer MPU wirst du hingegen gebeten, **wenn du aufgrund des Drogenkonsums vielleicht in einen Unfall verwickelt warst** oder das Leben anderer Verkehrsteilnehmer gefährdet hast. In diesem Fall drohen nicht nur zusätzliche Fahrverbote und Geldstrafen, sondern im schlimmsten Fall sogar eine Freiheitsstrafe.
Gut zu wissen: Der reine Drogenbesitz ist hier ein kleiner Sonderfall. Sollte der Drogentest in der Kontrolle negativ ausfallen, die Polizei aber dennoch verbotene Substanzen bei dir entdecken, muss eine Anordnung zur MPU nicht zwangsläufig erfolgen. Du kannst dich dann jedoch darauf einstellen, dass möglicherweise eine Haaranalyse durchgeführt wird, um zu prüfen, ob du innerhalb der letzten Monate auch konsumiert hast.

Achtung: Ebenfalls ein Sonderfall sind die Fahranfänger in der Probezeit. Hier gibt es eine Null-Toleranz-Strategie der Behörden, so dass nicht einmal kleinste Rückstände im Körper zu finden sein dürfen.

9.2.3 MPU aufgrund von Punkten – ab wie vielen Punkten?

Moment mal: Eine MPU wegen Punkten in Flensburg – das gibt es auch? Tatsächlich wissen nur die wenigsten Autofahrer, dass eine medizinisch-psychologische Untersuchung auch dann droht, wenn der Führerschein aufgrund zu vieler Punkte in Flensburg abgegeben werden muss. Doch was genau kommt dann in dieser MPU auf mich zu? Und gibt es Unterschiede zu einer MPU wegen Drogen oder Alkohol am Steuer? Wir haben für dich im Folgenden einmal alle wichtigen Details aufgeführt und zeigen dir ganz genau, was dich im Falle einer MPU wegen Punkten erwartet.

Sämtliche Verkehrssünden, die einen oder mehrere Punkte nach sich ziehen, werden in der „Verkehrssünderkartei" der Behörden in Flensburg gespeichert. Seit 2014 gilt dabei, dass 8 Punkte in Flensburg zu einem Führerscheinentzug führen. Möglich ist es natürlich auch, direkt mehr als acht Punkte zu erreichen. Auch das wäre dann selbstverständlich gleichbedeutend mit einem Entzug der Fahrerlaubnis. Diese gibt es dann auch erst einmal nicht so schnell wieder, denn als geringste Sperrfrist sieht der Gesetzgeber einen Zeitraum von sechs Monaten vor. Wichtig: Innerhalb dieser Sperrfrisst darf natürlich kein Fahrzeug bedient werden.

Ob die 8 Punkte in Flensburg allerdings wirklich zu einer MPU führen, ist von jedem einzelnen Fall individuell abhängig. Solltest du beispielsweise viele Punkte innerhalb einer kurzen Zeit angesammelt haben, spricht das dafür, dass du dich gegen die Regeln des Straßenverkehrs stemmst – und das führt definitiv zu einer MPU. Anders kann es aber sein, wenn du die Punkte über den Zeitraum von zwei Jahren angesammelt hast und das möglicherweise für unterschiedliche Vergehen. Hier kann die Behörde dann auch gnädig sein und auf eine MPU verzichten.

Gut zu wissen: Die Punkte in Flensburg nach einer MPU werden wieder auf Null gestellt. Allerdings bleibt in der Abfragedatei der Behörden trotzdem gespeichert, dass du schon einmal deinen Führerschein abgeben musstest.

9.2.4 MPU aufgrund von Straftaten

Auch aufgrund von Straftaten im Straßenverkehr kann sich die Führerscheinstelle dazu entscheiden, einem Verkehrsteilnehmer seinen Führerschein zu entziehen. Zugegebenermaßen sind die Hürden für eine MPU wegen Straftaten im Verkehr relativ hoch, aber keinesfalls „unerreichbar". Darüber hinaus verfolgt die MPU aufgrund von Straftaten der Ruf, deutlich komplizierter als zum Beispiel eine Drogen- oder Alkohol-MPU zu sein. Wir haben uns daher im Folgenden einmal genau mit diesem Thema beschäftigt und für dich alle wichtigen Punkte herausgearbeitet.

Wer mit Drogen oder Alkohol am Steuer erwischt wird, kann sich in der Regel darauf verlassen, dass meistens schon beim ersten Vergehen eine medizinisch-psychologische Untersuchung angeordnet wird. Bei den Straftaten im Straßenverkehr ist das Gesetz wiederum etwas bürgerfreundlicher, wobei auch hier verschiedene Gründe für eine MPU sorgen können. Einer davon ist das Sammeln zu vieler Punkte im Verkehrszentralregister in Flensburg, gleichzeitig können aber zum Beispiel auch das **Fahren ohne Führerschein oder der Transport von Diebesgut** mit dem Fahrzeug dafür sorgen, dass eine medizinisch-psychologische Untersuchung angeordnet wird. Gleichzeitig kann natürlich auch eine Kombination beider Wege dafür sorgen, dass du an der MPU teilnehmen musst. Also dann, wenn du eine Straftat begangen hast und zusätzlich schon aktenkundig im Verkehrszentralregister bist.

Es gibt ganz unterschiedliche Gründe dafür, weshalb Verkehrsteilnehmer zu einer MPU gebeten werden. Bei einer MPU wegen Alkohol oder einer MPU wegen Drogen lag beispielsweise ein Missbrauch im Straßenverkehr vor und der Verkehrsteilnehmer hat sich berauscht ans Steuer gesetzt. Obwohl auch dies natürlich schwere Vergehen sind, **gilt die MPU wegen Straftaten generell als deutlich schwieriger zu meistern**. Doch woran liegt das? In erster Linie an der hohen „Toleranz". Immerhin müssen zum Beispiel acht Punkte bei der Führerscheinstelle gesammelt werden – und hierfür sind einige Vergehen notwendig. Das zeigt dann aber eben auch, dass sich der Verkehrsteilnehmer offenbar nur sehr schwer an Regeln halten kann. Eine einmalige Fahrt im Alkoholrausch kann wiederum als „Ausrutscher" bewertet werden. Das wiederholte Begehen von Straftaten im Verkehr aber nicht. Und dementsprechend schwer wird es in der MPU wegen Straftaten, den Psychologen von einer Besserung im eigenen Verhalten zu überzeugen.

Ebenfalls **gibt es hier bei der MPU tatsächlich nur die Möglichkeiten des Bestehens oder des Durchfallens**. Bei einer Alkohol- oder Drogen-MPU ist hingegen noch ein Mittelweg möglich, bei dem du zu einer Nachschulung geschickt wirst, um die letzten Defizite aufzuarbeiten. Diese Prozedur wurde bei der MPU wegen Straftaten im Verkehr bereits vor einigen Jahren abgeschafft.

10 MPU Fundament IV - Anmeldung

Scanne den QR Code, um zum Video zu gelangen:

10.1 Alle Fakten zur Anmeldung für die MPU

Ist erst einmal die Entscheidung gefallen und du musst zur MPU, wartet auf dich eine ganze Menge Arbeit. Der gesamte Prozess beginnt dabei wenig überraschend mit der MPU Anmeldung. Doch wie genau funktioniert die eigentlich und was musst du dabei beachten? Unser Artikel beantwortet dir genau diese Fragen detailliert.

10.1.1 Wer muss sich zur MPU anmelden?

Die „Voraussetzung" für eine Teilnahme an der MPU ist ein Vergehen im Straßenverkehr. Eine Geschwindigkeitsüberschreitung allein reicht hierfür meist noch nicht aus, bei schwereren Vergehen steht eine MPU allerdings auf der Tagesordnung. Du musst dich hierfür also nicht freiwillig anmelden, sondern wirst stattdessen mehr oder weniger dazu gezwungen, an der MPU teilzunehmen. Zumindest dann, wenn du deinen Führerschein irgendwann einmal wiederbekommen möchtest. Du kannst alternativ auch die MPU umgehen, was allerdings mit einer Wartezeit von rund 15 Jahren verbunden ist. In der Regel kommt diese Option also nicht in Frage.

10.1.2 Wie läuft die MPU Anmeldung ab?

Wo anmelden? Diese Frage stellt sich vermutlich der eine oder andere Betroffene, wenn er von einer MPU erfährt. Wie bereits erwähnt, kommt diese Initiative von der Führerscheinstelle. **Wo genau du diese MPU durchführen lassen möchtest, kannst du ganz allein entscheiden**. In der Regel geschieht dies beim TÜV, der natürlich mit mehreren Standorten im ganzen Land vertreten ist. Hast du dir hier ein Service-Center ausgesucht, teilst du diese Entscheidung deiner Führerscheinstelle mit und kannst anschließend einen Termin für die Prüfung vereinbaren. **Bestimmte Fristen oder ähnliches müssen hierbei normalerweise nicht beachtet werden**. Es kann aber natürlich sein, dass bis zu deinem Termin erst einmal eine gewisse Wartezeit vergeht.

Gut zu wissen: Die Kosten für die MPU und sämtliche Untersuchungen trägst du natürlich selbst. Aus diesem Grund solltest du dir gut überlegen, wann genau du die Prüfung durchführen möchtest, um dann auch erfolgreich daran teilnehmen zu können.

11 MPU - Punkte und Straftaten Videokurs

11.1 MPU - Punkte und Straftaten I

Scanne den QR Code, um zum Video zu gelangen:

11.2 MPU - Punkte und Straftaten II

Scanne den QR Code, um zum Video zu gelangen:

11.3 MPU - Punkte und Straftaten III

Scanne den QR Code, um zum Video zu gelangen:

11.4 MPU - Punkte und Straftaten IV

Scanne den QR Code, um zum Video zu gelangen:

11.5 MPU - Punkte und Straftaten V

Scanne den QR Code, um zum Video zu gelangen:

11.6 MPU - Punkte und Straftaten VI

Scanne den QR Code, um zum Video zu gelangen:

11.7 MPU - Punkte und Straftaten VII

Scanne den QR Code, um zum Video zu gelangen:

12 MPU - Drogen/Betäubungsmittel Videokurs

Scanne den QR Code, um zum Video zu gelangen:

12.1 MPU - Drogen/Betäubungsmittel I

Scanne den QR Code, um zum Video zu gelangen:

12.2 MPU - Drogen/Betäubungsmittel II

Scanne den QR Code, um zum Video zu gelangen:

12.3 MPU - Drogen/Betäubungsmittel III

Scanne den QR Code, um zum Video zu gelangen:

12.4 MPU - Drogen/Betäubungsmittel IV

Scanne den QR Code, um zum Video zu gelangen:

12.5 MPU - Drogen/Betäubungsmittel V

Scanne den QR Code, um zum Video zu gelangen:

12.6 MPU - Drogen/Betäubungsmittel VI

Scanne den QR Code, um zum Video zu gelangen:

13 MPU Alkohol Videokurs

Scanne den QR Code, um zum Video zu gelangen:

13.1 Alkoholdelikte

Die medizinisch-psychologische Untersuchung wird beispielsweise dann angeordnet, wenn der Verkehrsteilnehmer unter Alkohol- oder Drogeneinfluss Auto fährt. Bei Alkoholeinfluss über 1,6 Promille muss ein Autofahrer zur MPU. Falls es einen Verdacht gibt, von Einnahmen harter Drogen oder regelmäßigen Konsum von Cannabis wird ebenfalls eine MPU angeordnet. Die am häufigsten missbrauchten Rauschmittel sind Cannabis, Kokain und Amphetamine.

Immer mehr Verkehrsteilnehmer müssen wegen Drogenmissbrauch oder Einnahmen von Medikamenten zur MPU antreten. Laut des Bundesamtes für Straßenwesen wurde im vergangenen Jahr 2017 von den zuständigen Führerscheinstellen rund 19.328 MPU wegen Drogenkonsum angeordnet. Das sind rund 5,4 Prozent mehr als im Vorjahr und deutet auf einen rasanten anstiegt an.

Die häufigste Ursache ist nach wie vor Alkohol am Steuer. Obwohl die Zahlen wegen Alkoholkonsum 2017 im Vergleich zu dem Vorjahr gesunken sind. Insgesamt wurden 24.669 MPUs wegen Alkoholmissbrauch angeordnet, welches eine Senkung von 8,4 Prozent zum Vorjahr ist. Eine kleine Steigung gab es jedoch bei der Kombination von Drogen oder Medikamenten mit Alkohol, welche um 0,5 Prozent gestiegen ist ()mit insgesamt 1.858 Fällen).

Die Medizinisch-psychologische Untersuchung (im Volksmund auch Idiotentest genannt), ist eine teure Angelegenheit. Abgesehen vom Bußgeld, das bezahlt werden muss, kostet die MPU einiges an Geld. Im Gesamtpaket von der Vorbereitung, Abstinenznachweis, Beratung bis hin zum Test, können die Kosten von 1.600 bis 2.000 Euro steigen.

13.1.1 Fragen zum Thema: „Fahren unter Alkoholeinfluss“

Bis zum Test vergeht eine lange Sperrzeit, in der du dich mit deinem eigenen Trinkverhalten auseinandersetzen musst. Wenn dann also zur Sprache kommt, warum du zur MPU gebeten wurdest, solltest du den Gutachter nicht versuchen, für "dumm zu verkaufen". Egal wie sehr du beteuerst, du bist das erste und letzte Mal mit 2,0 Promille Auto gefahren – es wird dir niemand glauben.

Sei ehrlich und sag, dass du wohl ein Problem mit Alkohol hast. Im Idealfall hast du dich auch außerhalb der MPU-Vorbereitung damit auseinandergesetzt (Selbsthilfegruppen, ambulante Therapie, Entgiftung und so weiter). Das ist alles andere als unglaubwürdig – tatsächlich ist der Verlust des Führerscheins bei vielen Menschen der Punkt, an dem sie das Problem erkennen. Auch die Frage der Toleranzbildung (hast du immer mehr getrunken, um dieselbe Wirkung zu erzielen) wird selbstverständlich mit "Ja" beantwortet.

13.2 Drogendelikte

Wer mit Rückständen von Drogen oder Alkohol erwischt wurde, muss damit rechnen, zu einer MPU gebeten zu werden. Zwar hat sich die Gesetzeslage in Deutschland gerade erst ein wenig verändert, dennoch führen zum Beispiel Rückstände von THC ab einer bestimmten Menge noch immer zum Verlust der Fahrerlaubnis. Um diese dann wiederzuerlangen, muss die MPU durchlaufen werden. Wenig überraschend ist dann auch ein MPU Drogentest zu meistern, wobei dieser nicht nur einmalig durchgeführt wird. Mit Hilfe von sogenannten Abstinenznachweisen musst du stattdessen zeigen, dass du über einen längeren Zeitraum „clean" geblieben bist.

13.2.1 Wann wird ein MPU Drogentest gemacht?

Zunächst einmal ist es sicherlich interessant zu wissen, dass die MPU ohne Drogentest bzw. Drogenscreening durchlaufen werden kann. Es ist also nicht richtig zu sagen, dass bei einer MPU immer Drogentest durchgeführt wird. Stattdessen hängen die genauen Inhalte der Prüfung natürlich davon ab, weswegen du deinen Führerschein abgeben musstest. Solltest du also an der MPU wegen Alkohol teilnehmen müssen, wirst du in den medizinischen Prüfungen vor allem hinsichtlich eines möglichen Alkoholkonsums überprüft. Bei einer MPU wegen Drogen wird wiederum untersucht, ob du Drogen konsumiert hast.

Aber: Solltest du zu einer MPU wegen Punkten geladen werden, kommen diese Tests für dich nicht an die Reihe. Stattdessen wird hier dann, ergänzend zu den ohnehin vorhandenen Bestandteilen der MPU, „nur" eine reguläre medizinische Untersuchung durchgeführt.

Achtung: Welcher Grund auch immer dafür gesorgt hat, dass du an der MPU teilnehmen musst. Du solltest dich auf jeden Fall gut und intensiv auf diese vorbereiten. Nutzen kannst du hierfür unseren Vorbereitungskurs.

13.2.2 MPU Drogentest: Was wird getestet?

Wie schon erwähnt, hängen die genauen Inhalte im MPU Test immer davon ab, weswegen ein Verkehrsteilnehmer zur medizinisch-psychologischen Untersuchung gebeten wird. Entscheidend ist dabei bei einer Drogen-MPU zum Beispiel auch, welche Droge du konsumiert hast.

Aber vorsichtig: Das bedeutet nicht, dass im Drogentest für MPU nicht auch nach anderen Wirkstoffen geguckt wird. Anders ist es nur, wenn du an der Untersuchung aufgrund eines Alkoholvergehens teilnehmen musst. Einen MPU Drogentest bei Alkohol gibt es nicht, hier wird tatsächlich nur gecheckt, ob du weiterhin Alkohol konsumierst bzw. wie viel Alkohol du konsumierst.

Wichtig zu wissen ist, dass im Zusammenhang mit dem MPU Drogentest im Prinzip mehrere Tests beachtet werden müssen. So gibt es hier zum einen die anlassbezogene Untersuchung, zum anderen aber auch die Laboruntersuchungen. Die anlassbezogene Untersuchung wird einmal durchgeführt und dient zur Überprüfung der drogenspezifischen Befunde. Die Laboruntersuchungen wiederum stehen mehrmals pro Jahr auf dem Programmplan und werden vorher nicht angekündigt. Aus diesem Grund gelten die Laboruntersuchungen als MPU Abstinenznachweise.

13.2.3 Anlassbezogene Untersuchung: Der MPU Drogentest Ablauf im Überblick

Die anlassbezogene Untersuchung kann im Prinzip als eröffnender MPU Drogentest bezeichnet werden. Diese Untersuchung wird direkt an dem Tag durchgeführt, an welchem zum Beispiel auch die ärztliche Untersuchung (anlassbezogene Untersuchung ist ein Teil davon) oder das verkehrspsychologische Gespräch geführt werden. Hier werden die drogenspezifischen Befunde untersucht, zudem wird sich ein Arzt mit dir unterhalten. Den MPU Drogentest fälschen ist hier natürlich nicht möglich, da sämtliche Untersuchungen und Checks immer unter kontrollierter Aufsicht durchgeführt werden.

13.2.4 Laboruntersuchungen: Die Abstinenznachweise

Abgesehen von der anlassbezogenen Untersuchung stehen auch noch mehrere Laboruntersuchungen auf dem Programm. **Diese dienen zur Feststellung deiner Abstinenz.** Hier wird also geprüft, ob du wirklich auf den Konsum von berauschenden Mitteln verzichtet hast. Die Wahl hast du bei der MPU Drogentest Nachweisbarkeit aus zwei unterschiedlichen Möglichkeiten, um deine Abstinenz zu belegen:

- Haaranalyse
- Urinanalyse

13.2.5 MPU Drogentest: Haare oder Urin abgeben?

Als MPU-Teilnehmer kannst du in der Regel zwischen einem Urinscreening und einer Haaranalyse wählen, um deine Abstinenz zu belegen. Für das Urinscreening gilt dabei, dass du entweder innerhalb von sechs Monaten an vier Urinkontrollen teilnehmen musst oder innerhalb von zwölf Monaten zu sechs Urinkontrollen gebeten wirst. Wann dir im MPU Drogentest Urin abgenommen wird, erfährst du nur ganz kurzfristig vor dem jeweiligen Termin. So kannst du also niemals sicher sein, dass du nicht plötzlich zu einem Nachweis gebeten wirst.

Soll die Abstinenz mittels einer Haaranalyse nachgewiesen werden, gilt im Drogentest Haaranalyse MPU, dass die Haare nicht gefärbt, getönt oder gebleicht sein dürfen. Anders gesagt: Es muss sich um unbehandelte Haare handeln.

Zusätzlich dazu gilt bei einer Drogen-MPU, dass kopfnahe Haarsegmente mit einer Länge von maximal sechs Zentimetern verwendet werden. Durchgeführt wird eine derartige Haaranalyse beim Nachweis einer einjährigen Abstinenz insgesamt zwei Mal.

13.2.6 Fazit: Lass den MPU Drogentest nicht zum Problem werden

Dass du deinen Führerschein aufgrund des Drogenkonsums abgeben musstest, lässt sich nicht mehr ändern. Allerdings kannst du selber dafür sorgen, dass du die Fahrerlaubnis jetzt möglichst schnell zurückbekommst. Hierfür ist die erfolgreiche Teilnahme am MPU Drogentest erforderlich. Und die erreichst du nur dann, wenn du innerhalb der gesamten Untersuchungszeit die Finger von Drogen lässt. Die Behörden prüfen dich mehr oder weniger überraschend, so dass du dir am besten auch keine Ausnahme gönnen solltest. Läuft es schlecht, steht direkt am nächsten Tag der MPU Drogentest auf dem Programm und sorgt dafür, dass du durchfällst. Darüber hinaus solltest du aber nicht vergessen, dass zur MPU neben dem Drogentest noch weitere Aufgaben und Prüfungen gehören. Auf die solltest du dich ebenfalls gut vorbereiten, um so einen guten Eindruck zu hinterlassen.

13.3 Punkte Verfahren

Der häufigste Anlass für eine MPU ist Alkohol am Steuer. Es folgt der Missbrauch von Drogen im Straßenverkehr. Zu einem weitaus geringeren Anteil kommt es zum Führerschein-Entzug aufgrund zu vieler Punkte (nämlich 8 oder mehr) im Fahreignungsregister. Der Entzug der Fahrerlaubnis aufgrund zu vieler Punkte ist ein sehr seltenes Ereignis und betrifft weniger als 0,2 % aller Autofahrer in Deutschland.

13.3.1 Wann muss ich wegen Punkten zur MPU?

In Flensburg wird das Fahreignungsregister vom Kraftfahrtbundesamt geführt. Hierin werden im Rahmen eines Punktesystems Verkehrsverstöße eines Verkehrsteilnehmers festgehalten. Punkte im Fahreignungsregister werden immer dann eingetragen, wenn ein Fahrer die Verkehrssicherheit massiv gefährdet, z.B. durch die Missachtung einer Ampel oder viel zu schnelles Fahren.

Im Jahre 2014 wurde dieses System umgestellt. Nun kommt es zum Führerschein-Entzug und somit zur MPU, wenn eine Person acht oder mehr Punkte aufweist (früher 18). Diese können für ganz verschiedenartige Verstöße vergeben werden, z.B. rücksichtsloses Fahren, Nötigung, Rotlichtmissachtung oder unerlaubtes Entfernen vom Unfallort. Es muss also zu wirklich gravierenden und mehrfachen Verstößen gekommen sein, die dann auch noch entdeckt wurden, bevor es zum Führerscheinentzug kommt.

13.3.2 Wie können die Punkte in Flensburg abgebaut werden?

- Wenn bis zu 5 Punkten (bei 6 Punkten und mehr ist dieser Weg ausgeschlossen) auf dem Konto sind, kann durch ein Punkteabbauseminar 1 Punkt in Flensburg getilgt werden – dies allerdings nur einmal in 5 Jahren. Also Fehlanzeige für denjenigen, der meint, seine 5 Punkte mit 5 Seminaren hintereinander abbauen zu können.
- Punkteabbau durch Verjährung: Je nach Delikt bewegen sich die Verjährungsfristen zwischen 2 und 15 Jahren(!).

Zum Thema Verjährung von Punkten:
Nach der alten Regelung (bis Mai 2014) summierten sich die Punkte, die noch nicht verjährt waren und die Verjährungsfrist für alle bisherigen Punkte begann neu zu laufen, wenn ein neuer Punkt hinzukam. Nach der neuen Regelung wird jedes Vergehen für sich betrachtet und verjährt in jedem Einzelfall ohne sich zu summieren – damit hat das schwer durchschaubare Punkte-Durcheinander ein Ende gefunden.

Sind nun jedoch die Punkte schneller auf dem Flensburger Konto gelandet, als das sie hätten noch verjähren können, lässt der Punktestand kein Punkte-Abbauseminar mehr zu und ist die magische Grenze von 8 Punkten erreicht, darf man sich zu 100% von seiner Fahrerlaubnis verabschieden.

Dabei wirft sich sogleich die Frage auf:

13.3.3 Muss ich bei Führerscheinentzug durch ein volles Flensburger Punktekonto automatisch zur MPU?

Die klare Antwort hierauf lautet: **Ja**.

Diese restriktive Vorgehensweise der Fahrerlaubnisbehörde findet ihre Ursache darin, dass bei 8 Punkten mit hoher Wahrscheinlichkeit davon ausgegangen wird, dass der Punkteinhaber nicht geeignet ist, ein Kraftfahrzeug zu führen und am Straßenverkehr teilzunehmen.

Das Verhalten des Führerscheininhabers wird in Richtung uneinsichtig und losgelöst von allen Verkehrsregeln eingeschätzt, der sich selbst durch Sanktionierung durch Bußgeld und Punkte nicht zur Räson bringen lässt. Und diese Einschätzung führt unweigerlich zu einer MPU.

13.4 MPU - Alkohol I

Scanne den QR Code, um zum Video zu gelangen:

13.5 MPU - Alkohol II

Scanne den QR Code, um zum Video zu gelangen:

13.6 MPU - Alkohol IIIa

Scanne den QR Code, um zum Video zu gelangen:

13.7 MPU - Alkohol IIIb

Scanne den QR Code, um zum Video zu gelangen:

13.8 MPU - Alkohol IV

Scanne den QR Code, um zum Video zu gelangen:

13.9 MPU - Alkohol V

Scanne den QR Code, um zum Video zu gelangen:

13.10 MPU - Alkohol VI

Scanne den QR Code, um zum Video zu gelangen:

13.11 MPU - Alkohol VII

Scanne den QR Code, um zum Video zu gelangen:

13.12 MPU - Alkohol VIII

Scanne den QR Code, um zum Video zu gelangen: